全球星载 SAR 正射影像研制原理与方法

汪韬阳 张 过 邓明军 崔 浩 等 著

U0283257

科学出版社

北 京

内 容 简 介

本书针对目前在轨 SAR 卫星的成像特性，结合全球覆盖的观测任务，提出一套适用于全球超大规模 SAR 卫星正射影像产品研制的数据处理技术体系。具体内容包括：星载 SAR 区域成像任务规划、星载 SAR 影像几何定标、星载 SAR 影像自动匹配、星载 SAR 影像区域网平差、星载 SAR 影像正射纠正与更新、星载 SAR 影像强度一致性处理与镶嵌等。基于这套技术体系，利用我国高分三号卫星全球覆盖的影像数据进行正射影像产品生产，生产实践结果验证了本书所提出技术体系的有效性和可行性。

本书可供测绘、国土、航天、规划、农业、林业、资源环境、遥感、地理信息系统等地理空间信息相关行业的生产技术人员和科研工作者参考。

图书在版编目（CIP）数据

全球星载 SAR 正射影像研制原理与方法/汪韬阳等著.—北京：科学出版社，2022.2

ISBN 978-7-03-071438-1

Ⅰ.① 全… Ⅱ.① 汪… Ⅲ.①卫星图像-正射影像地面-研制 Ⅳ.①P28

中国版本图书馆 CIP 数据核字（2022）第 025685 号

责任编辑：杨光华/责任校对：高 嵘
责任印制：彭 超/封面设计：苏 波

科 学 出 版 社 出版

北京东黄城根北街 16 号
邮政编码：100717
http://www.sciencep.com

武汉精一佳印刷有限公司印刷
科学出版社发行 各地新华书店经销
*

开本：B5（720×1000）
2022 年 2 月第 一 版 印张：11
2022 年 2 月第一次印刷 字数：220 000
定价：**139.00 元**
（如有印装质量问题，我社负责调换）

《全球星载 SAR 正射影像研制原理与方法》

撰 著 组

汪韬阳　　张　过　　邓明军　　崔　浩

李　欣　　陈亚欣　　蒋博洋　　程　前

前　　言

星载 SAR 可以全天时、全天候、主动对地观测成像，是一种不可或缺的航天遥感对地观测数据形式。相比于传统星载光学遥感影像，其优点是能够在夜间、云雨天气条件下对地观测成像，极大地弥补了星载光学影像的不足。此外，在几何定位精度方面，传统星载光学影像的几何定位精度受卫星平台的姿态控制和测量精度的影响，要实现高精度对地目标定位，必须依赖地面控制点、高频次定标、甚至是众源的"云"控制数据来消除卫星姿态对定位精度的影响，对于控制数据缺失、纹理匮乏、人迹罕至及国外的大部分区域，星载光学影像的几何定位精度大大受限，难以做到真正无控制对地目标高精度定位。与星载光学影像相比，星载 SAR 影像的几何定位精度（基于距离多普勒定位模型）与姿态无关，因此在理论上与受姿态扰动颤震等因素影响较大的光学卫星影像相比，星载 SAR 影像在无控条件下几何定位精度上更具优势，更适合用于正射影像基准图研制。

目前，全球在轨的 SAR 卫星已达到几十颗，已经能够将全球主要陆地和岛屿全覆盖，影像数据量巨大。如何将覆盖全球的星载 SAR 影像数据高精度、高效率地处理好，研制具有自主知识产权的全球正射影像产品，使其能够满足不同用户的各类应用需求，是本书需要重点解决的问题。

本书从星载 SAR 传感器发展的现状和特点出发，分析星载 SAR 影像数据处理过程中所面临的难点与挑战，系统介绍全球星载 SAR 正射影像研制的关键问题、详细的原理方法和技术路线，希望从原理及实际数据处理效果的角度给出全面、具体的解决方案，为全球星载 SAR 正射影像生产系统建设提供参考。

本书共 7 章：第 1 章介绍高分辨率星载 SAR 系统发展现状，给出国内外典型高分辨率星载 SAR 卫星系统及其特点，介绍全球正射影像产品现状，并分析全球星载 SAR 正射影像研制的关键问题；第 2 章主要介绍全球覆盖星载 SAR 成像需求分析、任务规划建模准备及算法求解；第 3 章主要介绍星载 SAR 影像距离-多普勒模型、几何定位误差及顾及大气延迟的星载 SAR 影像高精度几何定标；第 4 章主要介绍星载 SAR 影像匹配技术和并行匹配策略，完成全球星载 SAR 影像连接点自动提取；第 5 章主要介绍星载 SAR 影像通用几何定位模型和区域网平差原理，完成全球星载 SAR 影像自动定向；第 6 章主要介绍星载 SAR 影像正射纠正与更新方法，完成全球星载 SAR 正射影像自动生成；第 7 章主要介绍星载 SAR 影像强度一致性处理与镶嵌，完成全球星载 SAR 正射影像的匀色和镶嵌。

本书的写作分工为：汪韬阳负责总体内容框架及全球星载 SAR 正射影像数据处理技术体系的制订，同时负责撰写第 1 章、第 4～6 章；张过和陈亚欣负责撰写第 2 章中星载 SAR 区域成像任务规划的相关内容；张过和邓明军负责撰写第 3 章中几何定标的相关内容；李欣参与撰写第 4 章中星载 SAR 影像自动匹配的相关内容；蒋博洋参与撰写第 5 章中星载 SAR 影像区域网平差的相关内容；李欣参与撰写第 6 章中几何纠正的相关内容，程前参与撰写第 6 章中星载 SAR 影像叠掩补偿的相关内容；崔浩负责撰写第 7 章中星载 SAR 影像强度一致性处理与镶嵌的相关内容。

希望本书的出版，能为国内同行科研工作者提供参考，进一步推动星载 SAR 影像数据处理与应用的深入发展。

由于作者水平有限，书中难免存在不足之处，敬请读者不吝赐教。

作　者
2021 年 9 月

目　　录

第1章 绪 论

1.1 高分辨率星载 SAR 系统发展现状

作为一种主动式微波传感器，合成孔径雷达（synthetic aperture radar，SAR）具有不受光照和云雨等气候条件的限制，实现全天时、全天候对地观测的特点，甚至可以透过地表或植被获取其掩盖的信息，这些特点使其在灾害监测、环境监测、海洋监测、资源勘查、农作物估产、测绘等民用领域具有广泛的应用前景，在军事领域更具有独特的优势（魏钟铨，2001）。近年来高分辨率 SAR 系统的科技进步备受地球科学及相关领域研究人员的重视，得到了迅速蓬勃的发展。

美国国家航空航天局（National Aeronautics and Space Administration，NASA）喷气推进实验室（Jet Propulsion Laboratory，JPL）于 1978 年 6 月 28 日发射了第一颗合成孔径雷达卫星 Seasat-1（L 波段，HH 极化），首次获取了大范围高分辨率海域图，距离和方位分辨率均为 25 m，引起了遥感领域科技工作者的广泛关注（Evans et al.，2005）。Seasat-1 卫星的成功发射激发了美国国家航空航天局对 SAR 技术的研究热情，进入 20 世纪 80 年代以后，美国国家航空航天局开始大力发展星载 SAR 技术，先后利用航天飞机将航天飞机成像雷达（shuttle imaging radar，SIR）SIR-A（1981 年 11 月）、SIR-B（1984 年 10 月）和 SIR-C（1994 年 4 月）送入了太空（Jordan et al.，1995；Cimino et al.，1986；Ford et al.，1982；Elachi et al.，1982；Settle et al.，1982）。其中，SIR-A 显示出 SAR 能够穿透地物表面进行探测（金仲辉，1993；Schaber et al.，1986；McCauley et al.，1986，1982）。但其天线波束指向固定，对地观测的时效性受到了限制。SIR-B 针对这一问题进行了改进，其天线波束指向可以机械改变，提高了对目标区域的观测时效性（Cimino et al.，1987；Elachi et al.，1986）。为了改进影像质量，美国国家航空航天局提出需要对比多种频率和多种极化的电磁波与地表相互作用的结果，以确定电磁波的最佳频率范围和极化。因此，在 SIR-A 和 SIR-B 基础上发展起来的 SIR-C SAR 系统拥有 L/C/X 三个波段，具有全极化能力，其入射角和照射区域都可在大范围内进行调整（Way，1993）。合成孔径雷达不仅能够广泛应用于防灾减灾等民用领域，而且在军事应用中更具有独特优势。于是美国将其研究重点转入军用雷达卫星的研制，在 1988 年 12 月成功发射了一颗高分辨率 SAR 卫星"长曲棍球-1（Lacrosse-1）"，此后相继发射了多颗"长曲棍球"（Lacrosse）系列 SAR 卫星，主要用于军事侦察，其星载 SAR 技术实力在国际上处于领先的位置（邵立新，2012）。

20 世纪 90 年代后，世界范围内星载 SAR 的发展都加快了速度（芮本善，1996）。欧盟地区一直引领民用 SAR 技术的发展，欧洲遥感卫星（European Remote Sensing Satellite，ERS）ERS-1、ERS-2、Envisat-1 是欧洲太空局分别于 1991 年、1995 年和 2002 年发射的地球资源卫星，三颗卫星上都搭载了 C 波段的 SAR 系统（Louet，1999；D'Elia，1996；Francis，1986）。其中 ERS-1 和 ERS-2 上的 SAR 系统参数基本一致。ERS-1 和 ERS-2 获取的数据被世界各国广泛使用，是性能较好的 SAR 系统之一，且发布的数据产品进行了系统几何定标（Mohr，2001）。

与此同时，其他国家也在大力发展星载 SAR 技术，影响力较大的是日本和加拿大。日本地球资源卫星（Japanese Earth Resouce Satellite，JERS）JERS-1 几乎与 ERS-1 同期发射，除波段不同外，总体性能与 ERS-1 相似，主要用于国土测绘和自然灾害监测，其无控制点定位精度与 ERS-1 相比要差一个数量级（Shimada，1996）。加拿大的 Radarsat-1 与 ERS-2 同一年发射，与 ERS 有很多相同之处，C 波段、单极化（HH），并具有多种工作模式（Srivastava，2003）。与其他卫星都相应搭载了多种传感器不同的是，Radarsat-1 是第一颗以 SAR 系统为主载荷的卫星，这也说明星载 SAR 技术正越来越受到重视。2000 年 2 月，在 SIR-C/X-SAR 的基础上，美国成功完成了航天飞机雷达地形测绘使命（shuttle radar topography mission，SRTM）（Werner，2001），通过干涉的手段制作了覆盖地球 80% 以上陆地表面的数字高程模型（digital elevation model，DEM）。

21 世纪以来，世界各国都在规划和研制星载 SAR 技术。星载 SAR 技术也呈现出多个明显的发展趋势，例如观测模式兼顾分辨率与测绘带宽度，SAR 载荷具有多种极化方式、多种成像模式等（李春升，2016；邓云凯，2012）。2006 年 1 月 24 日，由日本宇宙开发事业团（National Space Development Agency of Japan，NASDA）和日本资源观测系统组织（Japan Resources Observation System Organization，JAROS）联合研制的先进陆地观测卫星（advanced land observing satellite，ALOS）成功发射，搭乘的相阵型 L 波段合成孔径雷达（phased array type L-band synthetic aperture radar，PALSAR）为 L 波段、全极化的传感器；日本成功将 L 波段的高分辨率 ALOS PALSAR 系统送上太空（Rosenqvist，2007）。2007 年，世界范围内共计有 4 颗搭载 SAR 系统的卫星发射成功，分别为意大利的 COSMO-Skymed-1/2、德国的 TerraSAR-X 和加拿大的 Radarsat-2，值得一提的是 TerraSAR-X 和 COSMO-Skymed 系列，这两颗卫星的最高空间分辨率已接近亚米级（Thompson，2011；Covello，2010；Mittermayer，2010）。2008 年，以色列成功发射了 TecSAR-1，其最高分辨率可达 0.7 m，在该系统中提出了一种新的成像模式——镶嵌（mosaic）模式，所获取的影像具有高影像分辨率和宽测绘带两个优点（Naftaly，2013）。意大利的 COSMO-Skymed-3 和 COSMO-Skymed-4 分别于 2008 年和 2010 年发射，与之前发射的两颗卫星一起组成了 SAR 卫星星座。2010 年，德国成功发射 TanDem-X，TanDem-X 与 TerraSAR-X 组网工作，能够获取地球表面 DEM（杜亚男，2015）。作为 Envisat-1 的后续星，欧洲分别于 2014 年和 2016 年发射了 Sential-1A 和 Sential-1B（Schubert，2017）。2014 年，以色列发射了 TecSAR-2，分辨率相较于 TecSAR-1 有所提升，最高空间分辨率达到 0.46 m。美国也从 2010 年开始陆续发射了未来成像构架（future imagery architecture，FIA）卫星，该卫星为接替"长曲棍球"系列卫星而设计，FIA 卫星拥有 0.3 m 的超高分辨率（张世永 等，2013）。表 1.1 列出了国外典型星载 SAR 系统及其参数。

表 1.1　国外典型星载 SAR 系统及其参数

SAR 系统	国家或组织	发射时间/年	波段	极化方式	分辨率/m	定位精度/m
Lacrosse	美国	1988/1991/1997/2000/2005	X/L	双极化	0.3～3.0	—
JERS-1	日本	1992	L	单极化	18	111
ERS-1/2	欧洲太空局	1991/1995	C	单极化	30	—
Radarsat-1	加拿大	1995	C	单极化	8～100	0～550
Cassini	美国	1997	Ku	单极化	600～2 100	—
SRTM	美国	2000	C/X	多极化	30/90	20（H）/16（V）
Envisat-1	欧洲太空局	2002	C	多极化	30/150	200
LightSAR	美国	2002	L	多极化	3～100	—
ALOS PALSAR	日本	2006	L	多极化	7～100	—
Radarsat-2	加拿大	2007	C	多极化	1～100	10～20
COSMO-Skymed	意大利	2007/2007/2008/2010	X	多极化	1～100	15
TerraSAR-X/TanDEM-X	德国	2007/2010	X	多极化	1～16	2
ALOS-2	日本	2014	L	多极化	1～100	—
Sentinel-1	欧洲太空局	2014	C	双极化	5～40	8

我国星载 SAR 技术起步较晚，直到 1979 年，才通过自主研制的 SAR 系统成功获得第一批 SAR 影像。随后我国在该技术领域加大投入，也取得了很大的进步和发展（邓云凯 等，2012）。2012 年发射的"环境一号"C 卫星（HJ-1C）空间分辨率最高可达 5 m，该星几何定位精度条带模式为 300 m、扫描模式为 500 m（张润宁 等，2014；王毅，2012）。2016 年 8 月发射的高分三号（GF-3）SAR 卫星具备 12 种成像模式，工作频段是 C 波段，最高分辨率为 1 m，其无控制点几何定位精度优于 50 m（张庆君，2017）。2020 年 12 月中国首颗商业 SAR 卫星"海丝一号"成功发射，这是一颗轻小型的 C 波段 SAR 卫星，实际重量不超过 185 kg，同时成像分辨率最高可达 1 m，最大幅宽为 100 km。2021 年 4 月，我国首颗网络化智能微波遥感小卫星"齐鲁一号"成功发射，搭载了国内首台 Ku 波段 SAR 载荷，主要

开展在轨实时任务规划、SAR 数据智能处理及面向终端的智能信息服务等关键技术验证。目前，我国星载 SAR 技术发展日趋成熟，在轨 10 余颗卫星，覆盖多个频段，具有多种成像模式和极化方式，分辨率最高可实现亚米级，未来我国还将发展多颗新体制 SAR 卫星（珞珈二号 01 星等），继续推动国产星载 SAR 技术的进步。

1.2 国外典型高分辨率星载 SAR 卫星系统简介

1.2.1 加拿大 Radarsat-2

Radarsat-2 是由加拿大航天局（Canadian Space Agency，CSA）和麦克唐纳•德特威勒联合有限公司（MacDonald，Dettwiler and Associates Ltd，MDA）联合出资开发的星载合成孔径雷达系统。Radarsat-2 是加拿大继 Radarsat-1 之后的新一代商用合成孔径雷达卫星。为了保持数据的连续性，Radarsat-2 继承了 Radarsat-1 所有的工作模式，并在原有的基础上增加了多极化成像、3 m 分辨率成像、双通道（dual-channel）成像和运动目标检测实验（moving object detection experiment，MODEX）。Radarsat-2 与 Radarsat-1 拥有相同的轨道，但是比 Radarsat-1 滞后 30 min，这是为了获得两星干涉数据。Radarsat-2 的用途是给用户提供全极化方式的高分辨率星载合成孔径雷达影像，在地形测绘、环境监测、海洋和冰川的观测等方面都有很高的应用价值。Radarsat-2 卫星系统参数见表 1.2，Radarsat-2 卫星波束模式特征参数见表 1.3。

表 1.2　Radarsat-2 卫星系统参数

项目	说明
卫星种类	C 波段 SAR 商用卫星
运营商	加拿大 MDA 公司
发射时间	2007 年 12 月 14 日
轨道类型	太阳同步轨道
卫星高度	798 km（赤道上空）
重访周期	24 天
轨道周期	100.7 分（14 轨/天）
拍摄方向	左右侧视
特征	11 种波束模式 左右侧视缩短了重访时间 丰富的极化信息

表 1.3　Radarsat-2 波束模式特征参数

波束模式	极化方式	入射角	标称分辨率/m		景大小/（km×km）
			距离向	方位向	（标称值）
超精细	可选单极化（HH、VV、HV、VH）	30°～40°	3	3	20×20
多视精细		30°～50°	8	8	50×50
精细	可选单&双极化（HH、VV、HV、VH）&（HH&HV、VV&VH）	30°～50°	8	8	50×50
标准		20°～49°	25	26	100×100
宽		20°～45°	30	26	150×150
四极化精细	四极化（HH&VV&HV&VH）	20°～41°	12	8	25×25
四极化标准		20°～41°	25	8	25×25
高入射角	单极化（HH）	49°～60°	18	26	75×75
窄幅扫描	可选单&双极化（HH、VV、HV、VH）&（HH&HV、VV&VH）	20°～46°	50	50	300×300
宽幅扫描		20°～49°	100	100	500×500

1.2.2　德国 TerraSAR-X

TerraSAR-X 卫星于 1997 年由德国联邦教育及研究部、德国航空航天中心及 Astrium Gmbh 公司三家单位合作开始研制，并于 2007 年 6 月发射升空。TerraSAR-X 是一颗新的高分辨率 SAR 卫星，其上搭载的 SAR 传感器工作于 X 波段，波长 3.2 cm，多极化、多模式成像。这颗卫星外形近似于六角形的棱柱，长约 5.2 m，直径约 2.3 m，发射重量 1 t 以上。TerraSAR-X 卫星系统参数见表 1.4，TerraSAR-X 卫星轨道和姿态参数见表 1.5。

表 1.4　TerraSAR-X 卫星系统参数

项目	说明
雷达载荷频率	9.65 GHz
射频功率	2 kW
入射角范围（SM 或 SC）	20°～45°全性能范围（15°～60°允许范围）
入射角范围（SL）	20°～55°全性能范围（15°～60°允许范围）
极化方式	单极化、多极化和全极化

项目	说明
天线尺寸	4.8 m×0.7 m×0.15 m
天线侧视方向	右
条带成像/宽扫成像仰角波束数	12（全性能范围）；27（允许范围）
聚束成像仰角波束数	91（全性能范围）；122（允许范围）
聚束成像方位角波束数	249
脉冲重复频率	2.0～6.5 kHz

表 1.5　TerraSAR-X 卫星轨道和姿态参数

项目	说明
设计轨道高度	514 km
日轨道数	15 2/11
重返周期	11 天
轨道倾角	97.44°
升交点时间	18：00±0.25 h（当地时间）
姿态控制	全零多普勒控制

　　TerraSAR-X 有多种成像模式，这些成像模式可以采用不同的极化方式：单极化、双极化、全极化。其传感器成像模式几何示意图如图 1.1 所示，其中 H_s、S_o、N_t、S_w 分别表示飞行高度、卫星轨道、近地航向和距离向扫描宽度，入射角范围为 $[\theta_1, \theta_2]$。

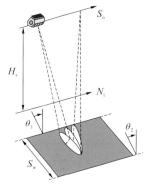

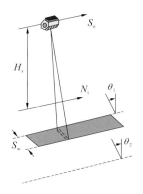

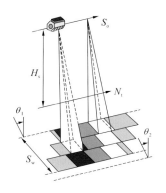

（a）聚束成像模式　　　　　　（b）条带成像模式　　　　　　（c）宽扫成像模式

图 1.1　传感器成像模式几何示意图

（1）聚束成像模式（spotlight mode）。这种模式的主要特点是几何分辨率高、入射角可选、多种极化方式等。聚束模式能够适应市场需求，提供多种成像方式的雷达影像数据产品。以聚束模式获取的数据产品加上精密轨道数据，可以用于重复轨道干涉测量并获得观测目标区域的数字高程模型。

（2）条带成像模式（stripmap mode）。条带成像模式以入射角固定的波束沿飞行方向推扫成像，这种模式的主要特点是几何分辨率高、覆盖范围较大、入射角可选。以条带模式获取的数据产品加上精密轨道数据，也可以用于重复轨道干涉测量并获得观测目标区域的数字高程模型。

（3）宽扫成像模式（scanSAR mode）。宽扫成像模式的天线（雷达波束）在成像时沿距离向扫描，从而使观测范围加宽，同时也将降低方位向分辨率。这种模式的特点是中等几何分辨率、覆盖率高、能够平行获取多于 4 个扫描条带的影像、入射角可选、多种极化方式等。在宽扫模式下，一周内 TerraSAR-X 能够以 16 m 的分辨率在全球任何地方覆盖大于 100 000 km^2 的区域。

聚束成像模式、条带成像模式和宽扫成像模式数据产品的参数如表 1.6 所示。

表 1.6 聚束成像模式、条带成像模式和宽扫成像模式数据产品

成像模式	方位向覆盖范围/km	距离向覆盖范围/km	入射角范围/（°）	方位向分辨率/m	距离向分辨率/m	极化方式
聚束成像模式	10	15	20～55	2	1.3	单极化
条带成像模式	可选	30	20～45	3	3	单极化
宽扫成像模式	可选	100	20～45	15	16	多极化

根据应用领域的不同，聚束成像模式下获取的数据产品可分为两种：高分辨聚束成像（high resolution spotlight，HS）模式数据和聚束成像（spotlight，SL）模式数据。其中 HS 模式数据的方位向覆盖范围为 5 km，方位向分辨率达到 1 m。

TerraSAR 卫星是世界上第一颗民用领域分辨率达到 1 m 的雷达卫星，与以前 SAR 卫星主要被用于科学研究和军事等用途不同，它完全按照商业模式运作，主要为国土测绘、农业、林业部门，建设规划部门及矿业部门提供服务。

1.2.3 意大利 COSMO-Skymed

COSMO-Skymed（宇宙-地中海）观测系统是由 4 个低轨中型卫星形成的星座和军民两用地面数据分发机构组成，其星座中的每个卫星携带一个 X 波段、高分辨率、多极化 SAR 传感器。传感器的研制与生产由意大利阿莱尼亚航天公司（Alenia Spazio）和法国阿尔卡特公司合作研制完成。这 4 个卫星将能够实现针对

大范围观测的较低分辨率宽扫成像模式和小范围高分辨率观测的聚束成像模式。其总体指标如表 1.7 所示。

表 1.7　COSMO-Skymed 总体指标

项目	说明
发射时间	2007 年 6 月 8 日
轨道	619.5 km, 倾角 97.86˚, 太阳同步轨道
每天圈数	14.812 5
轨道周期	16 天
偏心率	0.001 18
近地点	90°
半轴长	7 003.52 km
升交点时间	6：00 am
卫星数目	4
轨道定相	90°
天线	天线的设计, 采用配分射频功率放大与中频功率相移器结合, 使波束可以在俯仰平面实现一维可调。天线由铝基碳纤维增强塑料制作, 呈带槽状波导, 波束形成网络。二个固定仰角波束宽度, 可以相互转换, 保证星下点侧视范围在 20°～55°
天线尺寸	6 m×1.2 m
带宽	300 MHz
脉冲重复频率	3 000 Hz
平均功率	300 W
峰值功率	3.2 kW
数据压缩比	6：3
数据率	约 200 Mbps
下行数据通道	X 频段
功耗	1.2 kW
重量	200 kg

COSMO-Skymed 卫星星座可以以两种基本模式运行：一种是常规轨道模式（nominal orbital configuration），另一种是干涉轨道模式（interferometric orbital configuration），如图 1.2 所示。

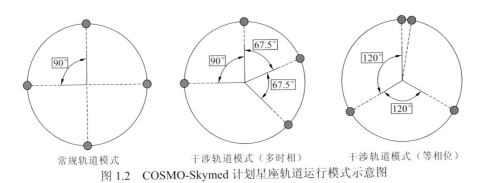

常规轨道模式　　　　干涉轨道模式（多时相）　　　干涉轨道模式（等相位）

图 1.2　COSMO-Skymed 计划星座轨道运行模式示意图

（1）常规轨道模式。对地观测而言，常规轨道模式的关键是保证卫星重复通过同一地区。这需要保持星下点在一个给定范围内变化（容许误差在 1 km 以内）。这需要卫星的主动空间推进器来维持整个星座轨道的几何特性。

（2）干涉轨道模式。干涉轨道模式是用来实现 InSAR 测量的，所以在这一模式下运行的卫星要保持其基线的变动范围在 100～3 500 m。因此，在干涉轨道模式下运行的卫星不但和常规轨道模式一样需要控制星下点，同时还需要维持干涉基线在合理范围内。该模式对基线的控制有两种方式：Tandem-like 干涉轨道（时间间隔一天），常规 Tandem 干涉轨道（时间间隔 20 s），并提供同一轨道平面内两颗卫星形成干涉和不同轨道上两颗卫星形成干涉的两种模式。

COSMO-Skymed 卫星系统的特点使其数据在以下几方面能得到广泛的应用：针对各种灾害处理的地面监测，为决策层提供国土安全监测、资源环境监测、海岸线控制、地形测绘、军事应用、科研机构和大专院校的学术应用及各种商业应用等需要的数据。

1.2.4　日本 ALOS PALSAR

日本宇宙开发事业团于 1993 年开始了 ALOS 卫星系统的概念性研究及相应的遥感传感器制造和实验研究，直到 2006 年 1 月 24 日发射 ALOS 卫星。ALOS 卫星携带的相阵型 L 波段合成孔径雷达（PALSAR）可实现全天候的陆地观测，在测图、区域性观测、灾害监测、资源调查等方面做出贡献。ALOS PALSAR 系统参数如表 1.8 所示。

表 1.8 ALOS PALSAR 系统参数

项目	说明			
轨道	准太阳同步回归轨道 高度：691.65 km（赤道） 倾角：98.16º 回归天数：46 天			
频率	1 270 MHz（L 波段）			
工作模式	High Resolution（高分辨率）		ScanSAR（扫描）	全极化
极化	HH 或 VV	HH/HV 或 VV/VH	HH 或 VV	HH+HV + VV+VH
带宽	28 MHz	14 MHz	14，28 MHz	14 MHZ
入射角	9.9°～50.8°	9.7°～26.2°	18°～43°	8°～30°
地面分辨率	7.0～44.3 m	14.0～88.6 m	100 m（多视）	24.1～88.6 m
数据量化	5 bits	5 bits	5 bits	3 或 5 bits
数据率	240 Mbit/s		120 或 240 Mbit/s	240 Mbit/s
测绘带	40～70 km		250～350 km	30 km
天线尺寸	8.9 m×3.1 m			
数据处理方式	数字			
脉宽	27 μs/16 μs			
脉冲重复频率	1 500～2 500 Hz			
采样频率	32 MHz/16 MHz			
调频斜率	负斜率（数字方式产生）			
T/R 组件数目	80 个			
波位数	18+5（ScanSAR）			
峰值功率	2 kW			
天线类型	相控阵			
天线重量	500 kg			
SAR 重量	600 kg			
侧视方向	右侧视			

1.3 国内典型高分辨率星载 SAR 卫星系统简介

1.3.1 HJ-1C

HJ-1C 卫星为中国首颗 S 波段合成孔径雷达小卫星，搭载 S 波段的合成孔径雷达。SAR 有效载荷具有两种工作模式（条带模式和扫描模式），采用 6 m×2.8 m 可折叠式网状抛物面天线。卫星入轨正常后，SAR 天线正常展开，经过一定的预备工作后，进入测绘带成像工作模式。HJ-1C 卫星 SAR 有效载荷参数如表 1.9 所示。

表 1.9 HJ-1C 卫星 SAR 有效载荷参数

项目	参数
工作频率	3 200 MHz
侧视方向	正侧视
空间分辨率	5 m（单视）/20 m（距离向四视）
成像带宽度	40 km（条带模式）/100 km（扫描模式）
辐射分辨率	3 dB
极化方式	VV
视角	25°～47°

HJ-1C 卫星采用降交点地方时为 6：00 am 的太阳同步轨道，其标称轨道参数如表 1.10 所示。

表 1.10 HJ-1C 卫星标称轨道参数

项目	参数
轨道高度	499.26 km
半长轴	6 870.230 km
轨道倾角	97.367 1°
轨道周期	94.454 0 min
每天运行圈数	15+7/31
回归周期	31 天
回归总圈数	472 圈
降交点地方时	6：00 am
轨道速度	7.617 km/s
星下点速度	7.063 km/s

1.3.2　高分三号

高分三号卫星作为高分专项中的唯一一颗 SAR 卫星,不仅具有传统 SAR 卫星在对地观测中的各种优势,针对不同的应用需求,还设计了多种成像模式,可以满足多行业业务应用的需要,对于我国替代国外高分辨率 SAR 数据进口具有重大意义,并具有显著的经济与社会效益等。

高分三号卫星具有全天候、全天时的对全球海洋进行高分辨率成像观测的能力,广泛应用于海洋动态监测和管理应用。我国是海洋大国,管辖海域广阔,促进海洋经济发展,对形成国民经济新的增长点,实现全面建成小康社会目标具有重要意义。海洋经济发展的战略核心,主要包括海岛资源开发与保护、海岸带综合开发与管理、近海资源的开发和利用、滨海旅游资源的开发、海洋渔业资源的开发、海洋矿产资源和海水资源的综合开发及海上交通运输资源的开发等。在海洋资源开发与利用中,利用 SAR 卫星提供的数据可为海洋资源调查、确定产业布局提供信息与技术服务;在海洋资源、生态环境保护中,运用 SAR 卫星动态监测和分析技术,可以为海洋环境监测、预警和评价、海洋防灾减灾提供支持。

除了在海洋方面的应用,星载 SAR 影像在陆地区域的应用也十分广泛。SAR 卫星有两个特点:一是可以快速获取全球和全国的雷达卫星影像;二是可以快速获取多云多雨地区的雷达影像。在一些多云多雨地区,光学遥感影像受云雨等天气情况的影响,致使我国许多地区多年没有高分辨率影像。而微波遥感能够穿透云雾、雨雪,不受天气条件的限制,并且能够全天时、全天候工作,在光学遥感影像无法获取的情况下,利用雷达来替代光学遥感进行探测,就可以弥补由于光学遥感缺失而造成的地理信息缺失,有效利用雷达卫星与光学卫星相互补充,能够为掌握全国及全球基础地理信息资源提供更加可靠的数据。

高分三号与加拿大的 Radarsat-2、德国的 TerraSAR-X 类似,可实现多模式工作。根据对测绘带宽和分辨率的不同需求,在条带、扫描、聚束、全球观测、波模式及扩展等 12 种具体工作模式之间切换,还可利用多极化通道接收回波,实现了多极化观测。高分三号观测模式如表 1.11 所示。

表 1.11　高分三号观测模式

序号	工作模式	入射角 /(°)	视数	分辨率/m			成像带宽/km		极化方式
				标称	方位向	距离向	标称	范围	
1	聚束	20~50	1×1	1	1.0~1.5	0.9~2.5	10×10	10×10	可选单极化
2	超精细条带	20~50	1×1	3	3	2.5~5	30	30	可选单极化
3	精细条带 1	19~50	1×1	5	5	4~6	50	50	可选双极化

序号	工作模式	入射角/（°）	视数	分辨率/m			成像带宽/km		极化方式
				标称	方位向	距离向	标称	范围	
4	精细条带2	19～50	1×2	10	10	8～12	100	95～110	可选双极化
5	标准条带	17～50	3×2	25	25	15～30	130	95～150	可选双极化
6	窄幅扫描	17～50	2×3	50	50～60	30～60	300	300	可选双极化
7	宽幅扫描	17～50	2×4	100	100	50～110	500	500	可选双极化
8	全球观测模式	17～53	4×2	500	500	350～700	650	650	可选双极化
9	全极化条带1	20～41	1×1	8	8	6～9	30	20～35	全极化
10	全极化条带2	20～38	3×2	25	25	15～30	40	35～50	全极化
11	波模式	20～41	1×2	10	10	8～12	5×5	5×5	全极化
12	扩展 低入射角	10～20	3×2	25	25	15～30	130	120～150	可选双极化
	高入射角	50～60	3×2	25	25	20～30	80	70～90	可选双极化

注：模式3～7、模式11入射角为暂定

在单星多工作模式下,高分三号可以利用有限的资源来满足不同的用户需求。例如：在宽幅成像时,可利用宽幅扫描模式；而在对敏感区域进行观测时,可切换到聚束或滑动聚束模式实现高分辨率成像；若在大范围的观测区域需要首先寻找到敏感区域,而后再精细观测,则可利用条带与扫描的混合模式。

1.3.3　海丝一号

2020年12月22日,由中国电子科技集团公司第三十八研究所和天仪研究院联合研制的我国首颗商业SAR卫星"海丝一号"搭载"长征八号"运载火箭在文昌卫星发射中心成功发射。"海丝一号"历时1年完成研制,整星重量小于185 kg,成像最高分辨率 1 m,可以全天候、全天时对陆地、海洋、海岸进行成像观测,具有轻小型、低成本、高分辨率的特点。"海丝一号"是我国首颗轻小型SAR卫星,是国际上首个C波段小卫星,可为海洋环境、灾害监测及国土调查等领域提供服务。"海丝一号"SAR卫星系统参数见表1.12,"海丝一号"SAR卫星性能指标见表1.13。

表 1.12　"海丝一号" SAR 卫星系统参数

参数		说明
系统参数	频段	C 波段（5.4 GHz）
	雷达体制	二维有源相控阵体制
	极化方式	VV
轨道参数	轨道类型	太阳同步圆轨道
	轨道高度	512 km
	轨道倾角	97.43°

表 1.13　"海丝一号" SAR 卫星性能指标

指标	聚束	滑聚	条带	扫描 1	扫描 2
地距分辨率/m	1	2	3	12	20
方位分辨率/m	1	2	3	12	20
成像幅宽/km（距离×方位）	5×5	5×10	20×800	70×800	120×800
系统灵敏度/dB	≤−20	≤−21	≤−22	≤−23	≤−23
模糊度/dB	≤−20	≤−20	≤−20	≤−20	≤−20

1.4　全球正射影像产品现状

目前，国外利用光学遥感卫星运行积累的海量大数据，已制作了多个全球数字正射影像产品。美国生产了分辨率为 30 m 与 15 m 的 TM/ETM 全球数字正射影像（digital orthophoto map，DOM）、全球主要城市和重要地区 0.45 m 以上分辨率的 DOM、全球敏感地区 0.1 m 分辨率以上 DOM，其中只有 TM/ETM 提供下载服务。

美国 Google Earth 发布了全球大范围、高分辨率的影像数据（图 1.3），其影像数据并非来源于单一数据源，而是卫星影像与航拍的数据整合。其卫星影像数据部分来自美国 Digital Globe 公司的 QuickBird(快鸟)商业卫星与 EarthSat 公司，航拍部分的数据来源有 BlueSky 公司、Sanborn 公司、美国 IKONOS 及法国 SPOT5。其中 SPOT5 可以提供解析度为 2.5 m 的影像，IKONOS 可提供 1 m 左右的影像，而 QuickBird 能够提供最高为 0.61 m 的高精度影像。

Google Earth 上的全球地貌影像的有效分辨率至少为 100 m，通常为 30 m（例如中国大陆），视角海拔高度为 15 km 左右（即宽度为 30 m 的物品在影像上就有一个像素点），但针对大城市、著名风景区、建筑物区域会提供分辨率为 1 m 和

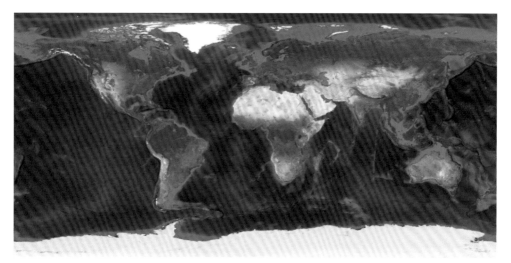

图 1.3　Google Earth 全球产品覆盖图

0.5 m 左右的高精度影像，视角高度分别约为 500 m 和 350 m。提供高精度影像的城市多集中在北美和欧洲，其他地区往往是首都或极重要城市才提供。中国大陆有高精度影像的地区有很多，几乎所有大城市都有。目前，Google Earth 上影像几何定位精度已达到较高的水平。例如，利雅得——沙特阿拉伯王国首都的 Google Earth 影像定位精度的小规模评估研究表明，Google Earth 影像的水平和高度坐标均方根误差分别为 2.18 m 和 1.51 m。使用在整个城市空间中均匀分布的 10 个全球定位系统（global positioning system，GPS）点的精确坐标，在加拿大蒙特利尔市评估 Google Earth 的水平位置精度。结果表明，研究区域中位置精度在 0.1 m（南部）到 2.7 m（北部）之间变化。使用精确的野外和摄影测量手段作为参考数据集，并将其与 Google Earth 中高分辨率影像中的控制点进行比较，估算得到 Google Earth 在墨西哥农村地区影像的水平位置均方根误差为 5.0 m，符合美国摄影测量与遥感学会（American Society for Photogrammetry and Remote Sensing，ASPRS）（1990）生产"1 级"1∶20 000 地图的水平精度要求。

　　武汉大学利用 2017 年 1 月至 2018 年 7 月覆盖我国全境的 1468 景高分三号精细条带 2 模式 10 m 分辨率 SAR 影像数据，生产了高分三号全国 SAR 正射影像一张图。利用均匀分布在高分三号全国一张图上 273 个检查点物方残差中误差优于 10 m，SAR 影像镶嵌后整体视觉效果真实，相干斑噪声被有效抑制，影像相对辐射强度分布与实际地物散射特性相一致，接边处辐射过渡平滑。高分三号 SAR 影像全国一张图已经在防灾减灾、水利、林业、测绘、地矿、国家安全等行业开展了应用，并向各行业用户提供免费数据服务，取得了较好的应用效果。

1.5　全球星载 SAR 正射影像研制的关键问题

综述全球星载 SAR 正射影像研制的国内外研究现状，深入分析 SAR 卫星影像的成像机理，可进一步明确利用 SAR 卫星影像数据进行全球正射影像研制过程中存在的关键问题，主要包括以下内容。

（1）星载 SAR 全球覆盖的任务规划问题。目前，在轨能够调用的 SAR 卫星资源有限。如何在较短时间内，利用仅有的在轨卫星资源，根据需要拍摄的区域面积，综合考虑卫星的侧摆机动拍摄能力、幅宽、重访周期等因素的影响，生成每日卫星的拍摄计划，是需要解决的关键问题。

（2）星载 SAR 无控定位精度提升问题。受发射过程的冲击、卫星实际运行环境及星上测量设备误差影响，全球范围内要做到星载 SAR 正射影像高精度的几何定位，需要厘清星载 SAR 影像对地目标几何定位过程中的显著误差项，并逐一补偿，是需要解决的关键问题。

（3）星载 SAR 大区域处理的几何一致性问题。不同时间拍摄的星载 SAR 影像直接进行正射纠正后，会存在明显的接边误差，在线状地物（道路、水系）上显得尤为突出。全球范围内要做到星载 SAR 正射影像绝对和相对的高几何定位精度一致性，需要通过区域网平差方法来解决，这里有两个关键问题：一是星载 SAR 影像同轨和异轨的连接点自动匹配，二是大区域 SAR 影像的稳健区域网平差解算。

（4）星载 SAR 正射纠正问题。星载 SAR 影像受侧视成像和距离成像特性的影响，在山区等地形起伏较大的区域，容易出现叠掩和透视收缩的现象，严重影响影像判读，如何自动探测这些信息缺失的区域并予以补偿，是需要解决的第一个关键问题。此外，海量的星载 SAR 影像几何纠正效率低，如何利用单机 GPU 多线程加速处理及多机多节点并行的集群处理方式，对星载 SAR 影像进行大规模快速处理，是需要解决的第二个关键问题。

（5）星载 SAR 大区域强度一致性处理与镶嵌问题。不同时间拍摄的星载 SAR 影像强度图上其影像颜色信息常常会出现不一致，当大区域 SAR 正射影像直接拼接时镶嵌线需要绕开明显的线状地物。如何保证正射纠正后的 SAR 影像颜色过渡平滑，无明显镶嵌痕迹，是需要解决的关键问题。

参 考 文 献

邓云凯, 赵凤军, 王宇, 2012. 星载 SAR 技术的发展趋势及应用浅析. 雷达学报, 1(1): 1-10.

杜亚男, 冯光财, 李志伟, 等, 2015. TerraSAR-X/TanDEM-X 获取高精度数字高程模型技术研究. 地球物理学报, 58(9): 3089-3102.

金仲辉, 1993. 微波遥感的物理基础及其在农业上的应用. 物理, 22(3): 159-164.

李春升, 王伟杰, 王鹏波, 等, 2016. 星载 SAR 技术的现状与发展趋势. 电子与信息学报, 38(1): 229-240.

芮本善, 1996. 欧洲遥感卫星-1 对阿拉斯加和阿留申火山的初步观测. 国外铀金地质(2): 153-161.

邵立新, 戴云展, 周青松, 等, 2012. 美国"长曲棍球"系列侦察卫星全面探析. 外军信息战(1): 24-27.

王毅, 2012. 环境一号 C 雷达卫星. 卫星应用(5): 74-74.

魏钟铨, 2001. 合成孔径雷达卫星. 北京: 科学出版社.

张庆君, 2017. 高分三号卫星总体设计与关键技术. 测绘学报, 46(3): 269-277.

张润宁, 姜秀鹏, 2014. 环境一号 C 卫星系统总体设计及其在轨验证. 雷达学报, 3(3): 249-255.

张世永, 刘其武, 谢奇, 2013. 美国 FIA 雷达卫星及军事应用特点浅析. 外军信息战(3): 32-36.

CIMINO J B, ELACHI C, SETTLE M, 1986. SIR-B-The second shuttle imaging radar experiment. IEEE Transactions on Geoscience & Remote Sensing, GE-24: 445-452.

CIMINO J B, HOLT B, RICHARDSON A, 1987. The SIR-B experiment report. Jet Propulsion Laboratory: California Institute of Technology.

COVELLO F, BATTAZZA F, COLETTA A, et al., 2010. COSMO-SkyMed an existing opportunity for observing the Earth. Journal of Geodynamics, 49(3): 171-180.

D'ELIA S, JUTZ S, 1996. SAR mission planning for ERS-1 and ERS-2. Space Mission Operations and Ground Data Systems-SpaceOps, 394: 421.

ELACHI C, BROWN W E, CIMINO J B, et al., 1982. shuttlw imaging radar experiment. Science, 218(4576): 996-1003.

ELACHI C, CIMINO J, SETTLE M, 1986. Special issue on the shuttle imaging radar(SIR-B)-foreword. IEEE Transactions on Geoscience & Remote Sensing, 24(4): 443-444.

EVANS D L, ALPERS W, CAZENAVE A, et al., 2005. Seasat: A 25-year legacy of success. Remote Sensing of Environment, 94(3): 384-404.

FORD J, CIMINO J B, ELACHI C, 1982. Space shuttle Columbia views the world with imaging radar: The SIR-A experiment. Jet Propulsion Laboratory: California Institute of Technology.

FRANCIS C R, 1986. The ERS-1 radar altimeter mission. Acta Astronautica, 14(82): 287-295.

JORDAN R L, HUNEYCUTT B L, WERNER M, 1995. The SIR-C/X-SAR synthetic aperture radar system. Proc. IEEE, 79(6): 827-838.

LOUET J, 1999. The Envisat mission and system. European Space Agency, 106: 11-25.

MCCAULEY J F, BREED C S, SCHABER G G, et al., 1986. Paleodrainages of the eastern Sahara-The radar rivers revisited(SIR-A/B implications for a mid-tertiary trans-African drainage system). IEEE Transactions on Geoscience & Remote Sensing, GE-24: 624-648.

MCCAULEY J F, SCHABER G G, BREED C S, et al., 1982. Subsurface valleys and geoarchaeology of the Eastern Sahara revealed by shuttle radar. Science, 218: 1004-1019.

MITTERMAYER J, YOUNIS M, METZIG R, et al., 2010. TerraSAR-X system performance characterization and verification. IEEE Transactions on Geoscience & Remote Sensing, 48(2): 660-676.

MOHR J J, MADSEN S N, 2001. Geometric calibration of ERS satellite SAR images. IEEE Transactions on Geoscience & Remote Sensing, 39(4): 842-850.

NAFTALY U, ORON O, 2013. TECSAR-Program status//International Conference on Microwaves, Communications, Antennas and Electronics Systems. IEEE: 1-4.

ROSENQVIST A, SHIMADA M, ITO N, et al., 2007. ALOS PALSAR: A pathfinder mission for global-scale monitoring of the environment. IEEE Transactions on Geoscience & Remote Sensing, 45(11): 3307-3316.

SCHABER G G, MCCAULEY J F, BREED C S, et al., 1986. Shuttle imaging radar: Physical controls on signal penetration and subsurface scattering in the eastern Sahara. IEEE Transactions on Geoscience & Remote Sensing, GE-24: 603-623.

SCHUBERT A, MIRANDA N, GEUDTNER D, et al., 2017. Sentinel-1A/B combined product geolocation accuracy. Remote Sensing, 9(6): 607.

SETTLE M, TARANIK J, 1982. Use of the space shuttle for remote sensing research: Recent results and future prospects. Science, 218(4567): 993-995.

SHIMADA M, 1996. Radiometric and geometric calibration of JERS-1 SAR. Advances in Space Research, 17(1): 79-88.

SRIVASTAVA S K, DANTEC P L, HAWKINS R K, et al., 2003. RADARSAT-1 image quality and calibration: Continuing success in extended mission. Advances in Space Research, 32(11): 2295-2304.

THOMPSON A A, LUSCOMBE A, JAMES K, et al., 2011. RADARSAT-2 mission status: Capabilities demonstrated and image quality achieved//European Conference on Synthetic Aperture Radar. VDE: 1-4.

WAY J, EVANS D, ELACHI C, 1993. The SIR-C/X-SAR mission//International Geoscience & Remote Sensing Symposium. IEEE, 2: 593.

WERNER M, 2001. Shuttle radar topography mission(SRTM) mission overview. Frequenz, 55(3-4): 75-79.

第 2 章　星载 SAR 区域成像任务规划

成像卫星任务规划的主要工作是确定哪颗卫星何时采用何种工作模式对哪个目标进行成像（贺仁杰 等，2011），是确保区域影像高效快速获取的核心保障。在全球 SAR 正射影像一张图研制任务中，本章设计一种兼顾区域覆盖与卫星资源利用的卫星任务规划流程，确保全球影像高效快速的获取和卫星资源的充分高效利用。首先分析面向全球一张图获取的区域遥感影像获取的核心需求；其次在此基础上对成像卫星任务规划这一 NP-Hard（non-deterministic polynomial hard，非确定性多项式难）问题进行简化处理，并完成从区域遥感影像获取需求到模型要素的转换；然后构建以成像条带侧摆角及每个条带是否参与成像为决策变量、以成像区域覆盖率高和卫星资源消耗少为目标函数、以卫星机动性能为主要约束的多目标任务规划模型；最后采用非支配排序遗传算法 II（non-dominated sorting genetic algorithm-II，NSGA-II）对任务规划模型进行求解，在高分三号卫星全球一张图生产任务中进行实际应用。

2.1　全球覆盖星载 SAR 成像需求分析

据测算，地球表面总面积约为 5.1 亿 km^2，其中陆地占全球表面积约为 30%，考虑海岸带延伸和海岛观测，陆地面积按全球面积 40% 计算，制作全球正射影像图需要成像的区域面积约为 2.04 亿 km^2。去除已有历史数据，待成像区域仍然巨大。

高分辨率对地观测卫星以其成像分辨率高、视角高、观测范围广、在轨寿命长、能够长期稳定运行等优点，是进行全球范围内区域目标成像的理想选择（贾丹，2020）。但是高分辨率卫星的成像幅宽有限，且短时间内过境次数有限。面对巨大的待成像区域，卫星资源变得十分宝贵。

此外，随着未来遥感卫星数量的快速增长，区域遥感影像产品应用领域将不断拓展，用户对区域影像产品获取的时效性需求越来越高：从无到有的生产，按年生产、按季生产，甚至是按月生产（李德仁 等，2017）。

传统"先区域分解，再任务优化"的任务规划方法是以一定细粒度对区域目标分解为一些列候选条带，然后在此基础上筛选出具有最佳覆盖的条带子集（姜维 等，2010）。但是这种离散化区域处理方法只能获取次优的规划结果，卫星资源难以得到充分利用。除此之外，该方法将规划过程一分为二，且规划结果对区域分解精度依赖程度高，同时区域分解精度与模型求解效率相矛盾，同样限制了最优规划方案的获取。

面对全球区域影像获取时，待成像区域巨大、仅有单颗卫星资源的情况，在制订区域目标成像任务规划方案时，需要考虑的核心成像需求是利用尽量少的卫星资源实现区域目标的全覆盖或几乎全覆盖。除此之外，构建的模型还需要考虑同时兼顾区域分解与任务规划，以获取更优的成像卫星任务规划方案。通过对每个区域用最少的卫星资源实现最高的覆盖，确保全球数据的高效快速获取。

2.2　全球覆盖星载 SAR 任务规划建模准备

2.2.1　规划过程的合理简化假设

成像卫星任务规划问题已被证明是一个 NP-hard 问题（郭玉华，2009）。为方便建模和规划问题求解，本节在建模前对成像卫星任务规划过程进行适当假设化简。规划过程化简考虑规划问题中的主要因素，忽略次要因素。面向全球范围内影像获取，做如下假设和化简。

（1）每个待成像区域可视为单一任务，卫星在执行拍摄方案时仅执行该任务，而不考虑其他任务。

（2）对于区域目标，SAR 卫星过境期间均可实施成像。

（3）模型中侧摆角是连续变量，但卫星每次过境时侧摆角是固定值，且一圈仅过境一次，因此卫星姿态机动调整时间假设满足条件。

（4）不同侧摆角引起影像分辨率变化，在一定范围内认为是可以接受的。

（5）假设卫星满足存储和能量约束。

（6）每颗卫星假设只有一个有效载荷。

2.2.2　从规划需求到模型要素转换

模型是需求的数学化表达，为了建立一个简单、准确、有效的适用于区域目标 SAR 卫星任务规划的模型，建模前需要对用户需求和任务规划需求进行详细分析及分解。

对于全球范围内的每一个待成像区域，用户需求可以分解为成像目标区域、完成时间、获取区域影像类型及分辨率。相应地，任务规划需求有：同一个区域 SAR 卫星成像模式相同，规定时间内完成区域目标的全覆盖或几乎全覆盖的覆盖率需求；规定时间内用尽量少的卫星轨道数据完成区域成像任务的卫星资源需求。

上述需求可以转化为模型的不同组成部分。根据 SAR 卫星成像模式可以确定模型约束，主要为侧摆角机动约束；根据成像区域、成像完成时间和卫星参数可以确定模型输入，包括成像区域坐标、可见时间窗口内卫星轨道数据；根据卫星资源需求和模型输入确定模型决策变量，包括成像条带是否选择和各成像条带侧摆角；根据卫星资源需求和覆盖率需求确定模型目标函数，包括覆盖率最大和轨道数最少。

从用户需求和任务规划需求到规划模型要素的转换关系如图 2.1 所示。

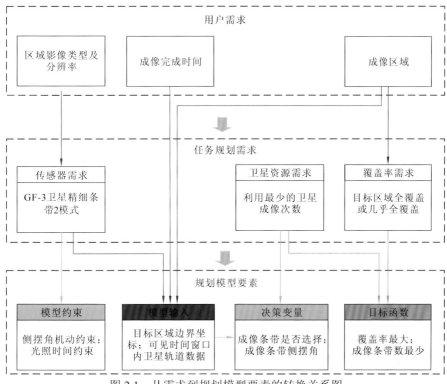

图 2.1　从需求到规划模型要素的转换关系图

2.3　全球覆盖星载 SAR 任务规划模型构建

基于上述对规划过程的假设化简和模型要素转换，本节建立的星载 SAR 区域成像任务规划模型的具体数学表达如下。

2.3.1　决策变量

决策变量 1：

$$x = (x_{11}, x_{12}, \cdots, x_{ki}, \cdots, x_{kn}) \tag{2.1}$$

式中：x 为所有卫星成像条带侧摆角的集合，长度为 M；x_{ki} 为卫星 k 第 i 次经过区域目标时，成像条带的侧摆角，x_{ki} 是 double 类型的连续变量。通过优化后的 x_{ki} 可以计算出卫星 k 的第 i 个成像条带。成像条带的计算方式在 2.4.2 小节给出。所有被选择的条带组成成像方案，同时完成区域目标分解。

决策变量 2：

$$y_{ki} = \begin{cases} 1, & \text{如果条带} x_{ki} \text{参与成像} \\ 0, & \text{如果条带} x_{ki} \text{不参与成像} \end{cases} \quad (2.2)$$

式中：y_{ki} 为判断侧摆角为 x_{ki} 的条带是否被选择，如果被选择 y_{ki} 为 1，否则为 0。y_{ki} 是二进制变量。通过 y_{ki} 可以确定卫星 k 的第 i 个条带是否参与成像，从而完成卫星资源分配。

2.3.2　目标函数

目标函数 1：

$$\max f(\boldsymbol{x}) = \frac{S_{\text{cov}}(\boldsymbol{x})}{S_{\text{obj}}} \quad (2.3)$$

目标函数 2：

$$\min g(y_{ki}) = \sum_{i=1}^{M} y_{ki} \quad (2.4)$$

目标函数 1 确保了成像区域覆盖率最大。$S_{\text{cov}}(\boldsymbol{x})$ 为所有卫星参与成像条带的有效区域覆盖面积，其计算方式在 2.4.3 小节给出；S_{obj} 为目标区域面积。目标函数 2 确保了参与成像轨道数最少，即卫星资源消耗最少。

2.3.3　约束条件

SAR 卫星满足最大侧摆角约束：

$$x_{\min} \leqslant x_{ki} \leqslant x_{\max} \quad (2.5)$$

式中：$x_{\min}$ 和 $x_{\max}$ 分别为 SAR 卫星的最小和最大侧摆角。

本章建立的区域成像任务规划模型具有以下特点。

（1）构建的任务规划模型既适用于单星任务规划，又适用于多星任务规划；对于多星任务规划，只需要它们的传感器类型相同，分辨率相似。

（2）通过以条带侧摆角及条带是否被选择作为两种决策变量，可实现将区域分解和卫星资源配置统一纳入规划模型，简化规划方案制订流程的同时可以获得更优的规划方案。

（3）以成像区域覆盖率最大和被选条带数最少为目标函数，可以实现利用最少的卫星资源完成最大的区域覆盖，进而提高全球范围内影像获取效率。

（4）两个目标函数互为约束，可以得到一组互不支配的解，以满足不同偏好的决策需求。

2.4 全球覆盖星载 SAR 任务规划算法求解

2.4.1 基于 NSGA-II 算法的规划模型求解

目前国际上比较有代表性的多目标模型求解方法主要有 SPEA2（Strength Pareto evolutionary algorithm 2，强度 Pareto 进化算法 2）（Zitzler et al.，2001）、NSGA-II（Deb et al.，2002）、PESA-II（Pareto envelope-based selection algorithm II，基于 Pareto 包络的选择算法 II）（Corne et al.，2001）三种，其他算法大都是在此基础上的改进。郑金华（2007）利用 DTLZ1、DTLZ2、DTLZ3、DTLZ4、DTLZ5 共 5 个 benchmark 问题对上述 3 种模型求解方法进行了分析。其中，在解集的分布性和求解效率方面 NSGA-II 都有最佳表现；在收敛性方面，当目标函数较多时 NSGA-II 的收敛性相对较差，但当仅有两个目标函数时，NSGA-II 与 SPEA2、PESA-II 表现相近。因此，本书采用 NSGA-II 进行模型求解。

面向区域目标的多星多目标任务规划模型的 NSGA-II 算法求解流程如下。

（1）编码。决策变量基因编码示意图如图 2.2 所示。实数决策变量编码：染色体长度为所有参与成像卫星各成像条带的侧摆角的和 M。二进制决策编码：长度同实数编码，如果条带被选择相应基因为 1，否则为 0。

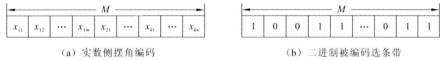

|（a）实数侧摆角编码 |（b）二进制被编码选条带 |

图 2.2　决策变量基因编码示意图

（2）初始化。初始化父代种群和进化代数。

（3）对父代种群执行选择、交叉、变异操作产生子代种群。

（4）目标函数计算。

（5）父代子代种群合并，种群非支配排序和个体拥挤度计算，产生新种群。

（6）判断是否满足迭代终止条件。若满足输出规划方案；如不满足重复步骤（3）。

2.4.2 卫星成像条带计算

卫星成像条带计算主要是利用卫星在初始成像时刻和结束成像时刻卫星的位置 (P_X, P_Y, P_Z) 和速度 (V_X, V_Y, V_Z) 信息，再结合传感器视场角和成像过程中的侧摆角信息，经过严密的几何计算即可得出卫星"视线"与地面的交点 (A, B, C, D)，即为成像条带。图 2.3 为多成像条带的有效覆盖面积示意图。

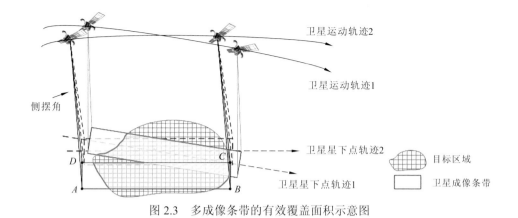

图 2.3　多成像条带的有效覆盖面积示意图

2.4.3　区域目标有效覆盖面积计算

本章构建的区域成像任务规划模型是具有两个目标函数的多目标优化模型。其中，目标函数 2 为参与成像条带的数目的累加，计算简单，计算过程不再详述。然而，目标函数 1 是多个成像条带的有效覆盖面积，如图 2.4 中蓝色条带所示。有效覆盖面积的计算涉及成像条带与成像条带之间的交点坐标、成像条带与区域目标的交点坐标，当成像条带较多时，计算较为复杂。

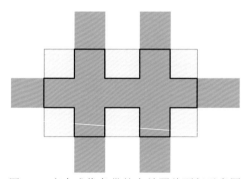

图 2.4　多个成像条带的有效覆盖面积示意图

本小节利用 Vatti 算法（Vatti，1992）计算有效覆盖面积，其计算过程如下。

（1）首先把成像条带的边定义为左被裁剪（left subject，LS）边、左裁剪（left clip，LC）边、右被裁剪（right subject，RS）边、右裁剪（right clip，RC）边 4 类。

（2）多个成像条带求并运算，生成成像条带覆盖多边形。成像条带的求并运算规则如表 2.1 所示。

表 2.1 多成像条带求并运算规则

编号	规则	编号	规则
1	LC×LS|LS×LC=LI	3	LS×RC|LC×RS=MN
2	RC×RS|RS×RC=RI	4	RS×LC|RC×LS=MX

注：LI 代表多个成像条带的覆盖区域多边形的左中间点；RI 代表右中间点；MN 代表局部最小值点；MX 代表局部最大值点

（3）目标区域与成像条带覆盖多边形的求交运算，生成成像条带对目标区域的有效覆盖多边形。目标区域与成像条带覆盖多边形求交运算规则如表 2.2 所示。

表 2.2 目标区域与成像条带覆盖多边形求交运算规则

	编号	边相交规则
不同 区域	1	LC×LS|LS×LC=LI
	2	RC×RS|RS×RC=RI
	3	LS×RC|LC×RS=MX
	4	RS×LC|RC×LS=MN
相同 区域	5	LC×RC|RC×LC=LI and RI
	6	LS×RS|RS×LS=LI and RI

（4）根据步骤（2）和（3）得到的目标区域成像覆盖多边形点序列，即可计算覆盖面积，进而计算目标区域覆盖面积。

Vatti 算法是通过成像条带的有效覆盖区域边界点坐标计算覆盖面积，计算精度远远高于传统格网法，且计算效率较高。

2.5 实验结果与分析

2.5.1 应用方案设计

1. 全球范围区域分解方案

在全球区域预分解方面，应用方案的制订首先根据已有 SAR 历史数据的覆盖情况，如图 2.5 所示，对全球未覆盖区域，按大洲、国家和区域逐级划分。对于较大区域可以按照行政单位划分，对于较小区域考虑卫星资源的充分利用和已有历史数据，并没有按照行政区域划分，而是采用矩形或不规则多边形的形式进行划分，生成若干待成像的目标区域。

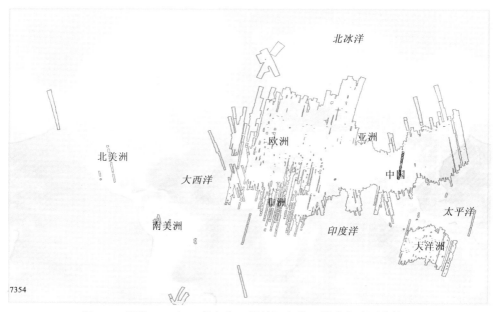

图 2.5　截至 2019 年 1 月高分三号精细条带 2 模式全球覆盖情况

2. 高分三号成像模式选择

在成像卫星及成像模式选择方面，除南极洲外的其他大洲采用高分三号（高分三号卫星参数见表 2.3）精细条带 2 模式进行成像，其分辨率为 10 m，幅宽为 100 km，因此在制订这些区域的成像方案时确保成像幅宽不超过 100 km，以确保相邻影像存在必要的重叠。极化方式根据需求选择 V 发射双极化。

表 2.3　高分三号卫星参数

卫星	发射时间	轨道高度/km	成像模式	侧摆性能/(°)	成像幅宽/km	成像分辨率/m	极化方式
高分三号	2016.08.10	755	精细条带 2	19～50	100	10	双极化

3. 全球区域成像任务总体规划

在全球成像任务整体布局方面，初期总体根据先亚洲、欧洲，再大洋洲、非洲，最后南美洲、北美洲，南极洲根据具体情况不定期提交的方式安排成像任务，在后期补拍阶段根据补拍任务的多少，分别按区域、按大洲、按全球提交任务。

如 2.2.1 小节中针对成像任务的简化假设，即仅考虑了区域目标，暂未考虑其他不可控因素所导致成像任务不能及时完成的情况，如应急成像等其他高优先级任务的插入等。对于没有按时执行的任务，在卫星能力范围内进行及时补拍。

现有高分三号任务规划系统的任务有效期是 30 天。初期待成像任务较多，要确保卫星有充足的成像任务；后期成像任务相对较少，要确保过期任务的及时提交。

2.5.2 实验区概况

1. 成像区域

实验区（图 2.6）位于湖北省，$29°05'\sim33°20'N$，$108°21'\sim116°07'E$，东西长约 740 km，南北宽约 470 km，面积约 18.59 万 km^2。

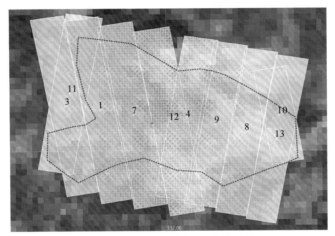

图 2.6　实验区高分三号成像覆盖

2. 成像时间

实验区的成像完成时间设置为 2019 年 12 月 10 日至 2019 年 12 月 29 日，共20 天，其间高分三号卫星与实验区可见时间窗口为 16 个，如表 2.4 所示。

表 2.4　成像完成时间内的可见时间窗口

编号	可见时间窗口
1	10 Dec 2019 10:49:52-10 Dec 2019 10:51:28
2	11 Dec 2019 22:21:09-11 Dec 2019 22:22:34
3	13 Dec 2019 10:26:07-13 Dec 2019 10:26:56
4	13 Dec 2019 22:38:09-13 Dec 2019 22:39:31
5	15 Dec 2019 10:42:52-15 Dec 2019 10:44:29
6	16 Dec 2019 22:14:23-16 Dec 2019 22:15:49

编号	可见时间窗口
7	17 Dec 2019 11:00:24-17 Dec 2019 11:01:19
8	18 Dec 2019 22:31:21-18 Dec 2019 22:32:45
9	20 Dec 2019 10:35:51-20 Dec 2019 10:37:29
10	21 Dec 2019 22:07:38-21 Dec 2019 22:09:03
11	22 Dec 2019 10:53:25-22 Dec 2019 10:54:58
12	23 Dec 2019 22:24:35-23 Dec 2019 22:25:59
13	25 Dec 2019 10:29:04-25 Dec 2019 10:30:29
14	25 Dec 2019 22:42:09-25 Dec 2019 22:42:57
15	27 Dec 2019 10:46:25-27 Dec 2019 10:48:01
16	28 Dec 2019 22:17:48-28 Dec 2019 22:19:14

3. 成像方案

采用本章的成像卫星区域任务规划方法，获得实验区的成像方案。当参与成像的条带数（可见时间窗口数）为 10 时，实验区全覆盖，如图 2.5 所示。每个成像时间窗口是否成像及其成像侧摆角如表 2.5 所示。

表 2.5　实验区全覆盖时各成像时间窗口成像及其成像侧摆角情况

可见时间窗口编号	是否参与成像	成像侧摆角/(°)
1	是	39.448 764
2	否	—
3	是	38.774 784
4	是	39.497 739
5	否	—
6	否	—
7	是	40.094 593
8	是	38.514 458
9	是	39.138 466
10	是	38.002 686
11	是	40.859 759
12	是	40.959 166
13	是	37.949 086
14	否	—
15	否	—
16	否	—

2.5.3 全球一张图应用成果

项目前期（2016 年 8 月至 2019 年 1 月），已有 SAR 历史数据的全球覆盖情况如图 2.6 所示。受我国境内观测任务对境外观测任务影响（南、北美洲观测轨道与国内观测有一轨道冲突，俄罗斯与东南亚观测与国内观测有一轨道冲突），当时精细条带 2 模式已覆盖区域集中在我国境内、欧洲、非洲和大洋洲。俄罗斯、东南亚、南美洲和北美洲、南北极地区覆盖较少。全球覆盖面积不到 50%。

自 2019 年 1 月 27 日，项目第一次提交任务，截至 2021 年 6 月，项目共提交任务 67 次，共计 1321 个成像任务，包括以成像条带为单位的原子任务和以区域目标为单位的区域任务。任务的提交时间和数量如表 2.6 所示。

表 2.6　全球 SAR 影像获取卫星成像任务提交

提交日期	提交任务数	区域
2019-01-27	21	亚洲
2019-02-03	17	欧洲
2019-02-21	11	亚洲
2019-02-25	7	亚洲
2019-02-27	10	亚洲
2019-02-28	10	亚洲
2019-03-03	21	亚洲
2019-03-07	18	亚洲
2019-03-12	12	亚洲
2019-03-20	43	亚洲
2019-03-26	11	欧洲
2019-03-27	10	欧洲
2019-03-29	17	亚洲
2019-04-02	15	欧洲
2019-04-22	14	欧洲
2019-05-07	25	大洋洲

提交日期	提交任务数	区域
2019-05-15	25	非洲
2019-05-20	25	非洲
2019-05-28	9	非洲
2019-05-31	9	南美
2019-06-11	9	北美
2019-06-12	9	北美
2019-06-20	1	欧洲
2019-08-14	16	亚洲
2019-08-29	17	俄罗斯
2019-08-30	24	欧洲
2019-09-17	19	非洲
2019-9-23	15	北美
2019-10-10	12	俄罗斯
2019-10-14	37	亚欧大陆
2019-10-21	12	南美洲
2019-10-31	40	大洋洲
2019-11-15	33	北美洲
2019-12-12	60	亚欧大陆
2019-12-19	14	南美洲
2019-12-20	29	北美洲
2019-12-24	29	南极洲
2020-01-18	25	北美洲
2020-01-18	4	非洲
2020-01-18	16	南美洲
2020-01-18	26	亚欧大陆
2020-04-13	29	南极洲
2020-05-20	27	北美洲

提交日期	提交任务数	区域
2020-05-28	13	南美洲
2020-05-29	33	亚欧大陆
2020-06-28	19	南北美洲
2020-06-28	9	亚欧大陆
2020-08-05	31	南北美洲
2020-08-05	17	亚欧大陆
2020-09-08	22	南北美洲
2020-09-08	10	亚欧大陆
2020-10-13	24	南北美洲
2020-10-13	10	亚欧大陆
2020-11-10	26	南北美洲
2020-11-10	12	亚欧大陆
2020-12-09	19	南北美洲
2020-12-09	7	亚欧大陆
2021-01-11	16	南北美洲
2021-01-11	8	亚欧大陆
2021-02-08	14	南北美洲
2021-02-08	5	亚欧大陆
2021-03-12	14	南北美洲
2021-03-12	3	亚欧大陆
2021-04-17	10	南北美洲
2021-05-12	13	南北美洲
2021-05-12	14	南极洲
2021-06-10	139	全球
总计	1 321	

截至 2019 年 6 月 12 日，首次提交完成除南极洲外六大洲的全部成像任务。由于卫星成像能力限制，以及其他实际因素限制，此时高分三号精细条带 2 模式全球覆盖情况如图 2.7 所示。此时增加的已成像区域主要有俄罗斯的东部和西部、北美洲西部、南美洲北部、非洲大部分地区和大洋洲地区。

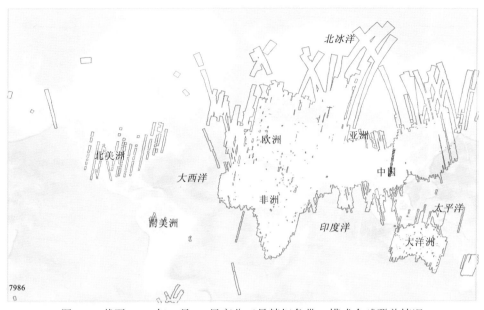

图 2.7　截至 2019 年 6 月 12 日高分三号精细条带 2 模式全球覆盖情况

　　截至 2019 年底，高分三号精细条带 2 模式全球覆盖情况如图 2.8 所示，主要增加的覆盖区域有俄罗斯中部、北美洲南部、北美洲中上部、格陵兰岛、南美洲南部。

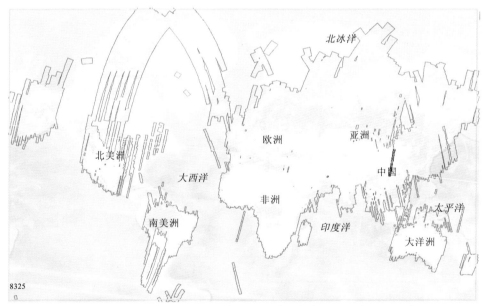

图 2.8　截至 2019 年 12 月 20 日高分三号精细条带 2 模式全球覆盖情况

　　截至 2021 年 6 月 30 日，高分三号精细条带 2 模式全球覆盖情况如图 2.9 所示，已完成全球陆地的大部分覆盖，覆盖率达 95% 以上。

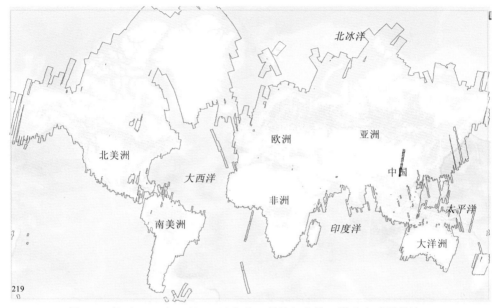

图 2.9 截至 2021 年 6 月 30 日高分三号精细条带 2 模式全球覆盖情况

参 考 文 献

郭玉华, 2009. 多类型对地观测卫星联合任务规划关键技术研究. 长沙: 国防科学技术大学.

贺仁杰, 李菊芳, 姚锋, 等, 2011. 成像卫星任务规划技术. 北京: 科学出版社.

贾丹, 2020. 全球遥感卫星发展应用现状与趋势. 测绘地理信息发展动态(114): 55-65.

姜维, 郝会成, 李一军, 2010. 对地观测卫星任务规划问题研究述评. 系统工程与电子技术, 35(9): 1878-1885.

李德仁, 沈欣, 李迪龙, 等, 2017. 论军民融合的卫星通信, 遥感, 导航一体天基信息实时服务系统. 武汉大学学报(信息科学版), 42(11): 1501-1505.

郑金华, 2007. 多目标进化算法及其应用. 北京: 科学出版社.

CORNE D W, JERRAM N R, KNOWLES J D, et al., 2001. PESA-II: Region-based selection in evolutionary multi-objective optimization//Proceedings of the 3rd Annual Conference on Genetic and Evolutionary Computation. Morgan Kaufmann Publishers Inc., : 283-290.

DEB K, PRATAP A, AGARWAL S, et al., 2002. A fast and elitist multiobjective genetic algorithm: NSGA-II. IEEE transactions on evolutionary computation, 6(2): 182-197.

VATTI B R, 1992. A generic solution to polygon clipping. Communications of the ACM, 35(7): 56-63.

ZITZLER E, LAUMANNS M, THIELE L, 2001. SPEA2: Improving the strength Pareto evolutionary algorithm. TIK-Report: 103.

第 3 章　星载 SAR 影像几何定标

本章主要介绍星载 SAR 影像的几何定标方法和原理,包括距离-多普勒模型、星载 SAR 影像几何定位误差分析,以及顾及大气延迟的高精度几何定标方法。利用高分三号卫星数据进行实验验证,在大气延迟改正实验中,证明基于外部数据的大气延迟改正方法的有效性。在几何定标实验中,经过几何定标后,高分三号卫星影像的几何定位平面精度优于 3 m。

3.1　距离-多普勒模型

距离-多普勒模型基本原理是利用 SAR 传感器到目标的距离信息、雷达波信号的多普勒频率信息,以及地球椭球面和高程参数,确定目标点的空间坐标。其中传感器与目标的距离(斜距)可以确定一个以传感器空间坐标位置为球心、斜距为半径的球面;传感器与目标相对运动所形成的等多普勒频移信息构成了一个双曲面;再结合地球椭球面及高程信息,则由三个曲面的交点可确定目标点的空间位置。实际上就是由距离方程. 多普勒方程和地球椭球方程解算三个未知数,即目标空间坐标(X_P, Y_P, Z_P),距离-多普勒模型的三个方程构建方法如下。

如图 3.1 所示,在以地球质心为原点的空间直角坐标系 $O\text{-}XYZ$ 下,S 为 SAR 传感器的空间位置;P 为某观测的地面目标点,其坐标(X_P, Y_P, Z_P)为待求量;而 S 的坐标$(X_{Sat}, Y_{Sat}, Z_{Sat})$可由星历数据根据 P 点的成像时刻内插得到。S 到目

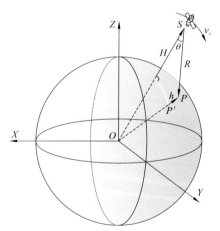

图 3.1　合成孔径雷达卫星定位几何关系示意图

标点 P 的距离为 R，是由雷达波传播速度和回波时间所确定的已知量，则距离方程可构建为

$$R^2 = (X_{\mathrm{Sat}} - X_P)^2 + (Y_{\mathrm{Sat}} - Y_P)^2 + (Z_{\mathrm{Sat}} - Z_P)^2 \qquad (3.1)$$

由式（3.1）的距离方程可在空间上确定一个球面，而当雷达波到达目标点时由于波束脉冲发射时间内卫星和目标点的相对速度所形成的多普勒频移 f_D 为

$$f_{\mathrm{D}} = -\frac{2}{\lambda R}(\mathbf{OS} - \mathbf{OP}) \cdot (v_S - v_P) \qquad (3.2)$$

式中：λ 为波长；$\mathbf{OS}$ 和 v_S 分别为传感器 S 在空间坐标系下的位置矢量和速度矢量；$\mathbf{OP}$ 和 v_P 分别为观测目标点 P 的位置和速度矢量，v_S 可根据星历数据内插得到；v_P 在地固坐标系下一般为 0。由于传感器与目标点相对运动，回波信号产生了一个与相对速度呈正比的频率偏移量，据此构建了多普勒频移方程，该方程在空间内确定了一个等多普勒曲面，并且由式（3.2）可知，该曲面在几何形式上是一个双曲面。

此外由于目标点位于地面上，其坐标满足地球形状模型方程，当目标点的高程为 h 时，则该点坐标满足地球椭球加上高程的模型，以 WGS84 系为空间坐标系，则 P 点坐标 (X_P, Y_P, Z_P) 满足：

$$\frac{X_P^2 + Y_P^2}{(a_\mathrm{e} + h)^2} + \frac{Z_P^2}{(b_\mathrm{e})^2} = 1 \qquad (3.3)$$

式中：a_e 和 b_e 分别为 WGS84 系地球椭球的长短半轴。该方程确定了一个以地球椭球为参考面、高程为 h 的椭球面。

结合式（3.1）～式（3.3），可以解算出目标点的空间位置 (X_P, Y_P, Z_P)。

3.2 星载 SAR 影像几何定位误差分析

根据 SAR 影像成像过程和距离-多普勒模型定位原理可知，SAR 卫星定位误差来源可以分为 4 类：SAR 载荷、卫星平台、观测环境、地面处理。SAR 载荷引入的误差包括系统收发通道时延和方位向时间误差。卫星平台引入的误差包括平台位置误差和平台速度误差。观测环境引入的误差指的是大气传播延迟的影响。地面处理引入的误差包括多普勒中心频率误差、目标高度误差和"停-走"假设误差。下面分析星载 SAR 影像几何定位过程中各误差源对定位精度的影响，图 3.2 直观地展示了距离-多普勒模型的定位原理，距离方程确定的同心圆与多普勒方程确定的双曲线在地球等高面上有 4 个交点，根据卫星成像时刻的侧视方向及多普勒中心频率的符号可获得唯一合理的解，解的位置即为目标点的位置。

SAR 卫星成像过程中，星上会有偏航控制机制，使得成像几何接近正侧视，多普勒中心频率 f_D 接近为 0，降低成像处理的难度，为了便于理解，以下分析均假设成像几何为正侧视，成像时采用的多普勒中心频率为 0（图 3.3）。

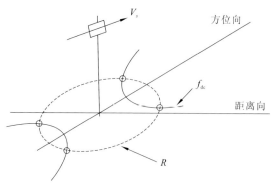

图 3.2   距离-多普勒模型定位的原理图

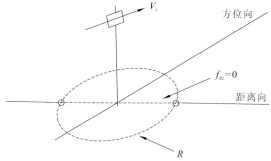

图 3.3   多普勒中心频率为 0 时的原理图

3.2.1   SAR 载荷引入的误差

1. 系统收发通道时延

星载 SAR 系统是通过记录回波时延来计算斜距的，而系统记录的回波时延是控制信号送至线性调频信号产生器，到回波信号被 A/D 数字化的总时延。其中包括了发射机脉冲控制信号产生到该脉冲从天线上发射所经过的时间和接收回波从天线通过接收机到模数转换器（analog-to-digital converter，ADC）所用的时间，将这两项时间合称为系统收发通道时延 τ_1。由系统收发通道时延 τ_1 引起的测距误差会导致垂直航迹方向的目标定位误差：

$$\Delta r_1 = \frac{c\tau_1}{2\sin\theta_i} \qquad (3.4)$$

式中：θ_i 为目标处雷达观测信号入射角；c 为光速。

2. 方位向时间误差

方位向时间误差主要是指 SAR 影像辅助文件中各影像行时间戳与导航时间之间的同步误差。目标点成像时刻对应的卫星位置需要根据方位向时间进行轨道

内插，而内插所用方位向时间的精度影响内插得到的卫星位置的准确性。如图 3.4 所示，卫星在 S 处，多普勒方程确定的平面为经过 SP 且与 x 方向平行的平面，该平面与地面的交点受到距离方程的约束，设其与地面交点为 P 。在短时间内，可假设卫星为直线飞行，当方位向时间存在 Δt 的误差时，通过轨道内插获取的卫星位置从 S 变为 S' ，通过距离–多普勒模型定位得到的目标点位置相应从 P 变为 P' 。可见，方位向时间误差将引起目标在方位向的定位误差，误差大小 $\left| PP' \right|$ 约为

$$\Delta a_1 \approx V_{sg} \Delta t \tag{3.5}$$

式中：V_{sg} 为卫星的地速。

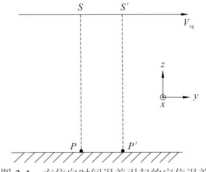

图 3.4　方位向时间误差引起的定位误差

3.2.2　卫星平台引入的误差

卫星平台引入的误差包括卫星的位置误差和速度误差。位置误差和速度误差可分解为三个部分：沿航迹方向误差、垂直航迹方向误差、径向方向误差。因此，将轨道位置误差分解为沿轨误差、垂轨误差、径向误差 $(\Delta R_{SOx}, \Delta R_{SOy}, \Delta R_{SOz})$ ，如图 3.5 所示，当卫星轨道位置仅存在沿轨向误差时，卫星位置从 S 变到 S' ，星下点 $S_{星下点}$ 变为 $S'_{星下点}$ ，同心圆束与双曲线束（多普勒中心频率为 0 时，双曲线退化为一条直线）在地面上的交点 A 也相应变为 A' ，且 $S_{星下点}S'_{星下点} \parallel AA'$ ，则由沿轨向误差引起的定位偏移可由式（3.6）表示，为平移误差。

$$\Delta a_2 = \Delta R_{SOx} \frac{\left| \boldsymbol{R}_{AO} \right|}{\left| \boldsymbol{R}_{SO} \right|} \tag{3.6}$$

同样地，在图 3.6 中，当仅垂轨向存在位置误差 ΔR_{SOy} 时，$S_{星下点}S'_{星下点}$ 与 AA' 在一个平面内，且大小相等，垂轨向位置误差引起的定位误差可由式（3.7）表示，同样为平移误差。

$$\Delta r_2 = \Delta R_{SOy} \frac{\left| \boldsymbol{R}_{AO} \right|}{\left| \boldsymbol{R}_{SO} \right|} \tag{3.7}$$

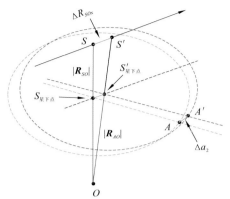

图 3.5 沿轨向轨道误差对几何定位的影响

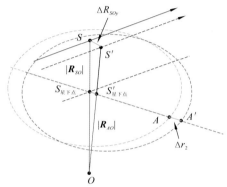

图 3.6 垂轨向轨道误差对几何定位的影响

平台径向位置误差 ΔR_{SOz} 其实是对卫星高度估计的误差，图 3.7（b）是向量 $\boldsymbol{R}_{AO}$、$\boldsymbol{R}_{SO}$ 所截的平面，也称多普勒平面，γ 为视角。径向位置误差引起的视角误差可表示为

$$\Delta\gamma = \arccos\left[\frac{\boldsymbol{R}_{SA}^2 + \boldsymbol{R}_{SO}^2 - \boldsymbol{R}_{AO}^2}{2|\boldsymbol{R}_{SA}||\boldsymbol{R}_{SO}|}\right] - \arccos\left[\frac{\boldsymbol{R}_{SA}^2 + (\boldsymbol{R}_{SO} + \Delta R_{SOz})^2 - \boldsymbol{R}_{AO}^2}{2|\boldsymbol{R}_{SA}||\boldsymbol{R}_{SO} + \Delta R_{SOz}|}\right] \quad （3.8）$$

最终引起目标在距离向上的误差为

$$\Delta r_3 \approx R\frac{\Delta\gamma}{\sin\gamma} \quad （3.9）$$

卫星沿轨向速度误差 ΔV_x、垂轨向速度误差 ΔV_y、径向速度误差 ΔV_z 每项将产生一个方位定位误差，方位定位误差与各速度误差项在卫星与目标之间连线方向的投影呈比例。假设各方向速度误差在传感器-目标方向总的速度误差投影为 ΔV，可表示为

$$\Delta V = k_x\Delta V_x + k_y\Delta V_y + k_z\Delta V_z \quad （3.10）$$

式中：k_x、k_y、k_z 为各方向速度误差在卫星与目标之间连线方向的投影系数。

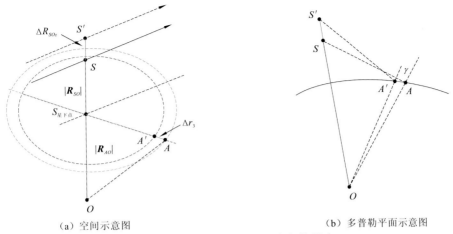

（a）空间示意图　　　　　　　　（b）多普勒平面示意图

图 3.7　径向轨道误差对几何定位的影响

卫星与目标之间连线方向的速度误差会使得多普勒中心频率产生一个偏移 Δf_{dc}

$$\Delta f_{dc} \approx 2\Delta V / \lambda \tag{3.11}$$

最终引起目标在方位向的位移：

$$\Delta a_3 = \Delta f_{dc} V_{sw} / f_R \tag{3.12}$$

式中：V_{sw} 为卫星运动速度在地表的投影；f_R 为方位向压缩函数中所使用的多普勒调频率。

3.2.3　观测环境引入的误差

观测环境引入的误差指的是大气延迟效应引起的误差，大气延迟效应引起的误差一般在米量级（Li，2016）。如图 3.8 所示，星载 SAR 在对地面点进行成像时，雷达观测信号穿过大气，大气会反射、折射、散射、吸收雷达观测信号（赵欣，2011），导致雷达观测信号的延迟（李松，2013）。星载 SAR 系统是通过记录从卫星平台天线发射的雷达观测信号在天线与地面目标点之间的渡越时间来计算斜距的，一般假定雷达观测信号的传播速度等于光速 c，但由于大气的存在，雷达观测信号的传播时间会增加。这个增加的延时可表示为 τ_2。大气传播延迟 τ_2 引起的测距误差会导致垂直航迹方向的目标定位误差：

$$\Delta r_4 = \frac{c\tau_2}{2\sin\theta_i} \tag{3.13}$$

式中：θ_i 为目标处雷达观测信号入射角。

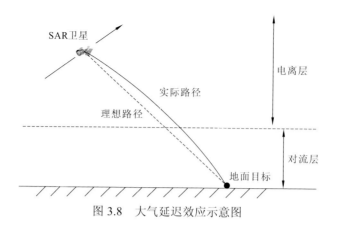

图 3.8　大气延迟效应示意图

3.2.4　地面处理引入的误差

1. 目标高度误差

如图 3.9 所示，Δh 的地表高程误差，将在斜距影像上产生 ΔR 的斜距误差，在地面产生 Δr_5 的误差（墙强，2011），可分别表示为

$$\Delta R = \frac{\Delta h}{\cos\theta}, \qquad \Delta r_5 = \frac{\Delta h}{\tan\theta} \tag{3.14}$$

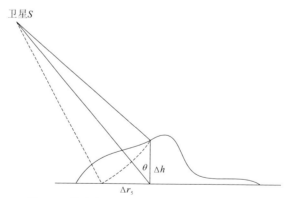

图 3.9　地表高程误差引起的定位误差示意图

2. 多普勒中心频率误差

像元在方位向的位置由像元对应的地面目标的多普勒中心频率确定，如果方位压缩参考函数中所用的多普勒中心频率与实际的多普勒中心频率不一致，则会引起地面目标方位向的位移：

$$\Delta a_4 = \Delta f_{\mathrm{D}} V_{\mathrm{sw}} / f_R \tag{3.15}$$

式中：V_{sw} 为成像带在地表运动速度的幅值；f_R 为用在成像参考函数中的多普勒调频率；Δf_D 引起距离向的位移可以忽略。实际中，只要方位向天线波束形状是对称的，成像处理中杂波锁定后的 Δf_D 将较小，分布均匀的目标场景理论上可以达到 5 Hz，一般场景目标下，Δf_D 在 10 Hz 左右。

3. "停–走"假设误差

传统的 SAR 几何定位认为卫星是一种"停–走"的运动方式，即在同一脉冲的发射和接收期间，卫星是静止的。实际中 SAR 系统是持续运动的，如图 3.10 所示，SAR 系统在 T 处发射脉冲，在 R 处接收脉冲，但由于 SAR 系统记录的时标对应为 R 处，则由距离方程与多普勒方程定位的位置为 P，但实际目标在 P' 处。由此在方位向产生 PP' 的定位误差。假设 SAR 系统对目标点 P' 成像的斜距为 600 km，卫星运动的速度为 7 000 m/s，则定位误差 PP' 约为 14 m，在高精度几何定位过程中必须加以考虑。

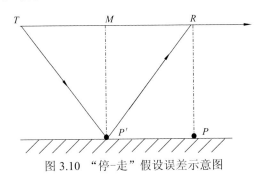

图 3.10 "停–走"假设误差示意图

3.2.5 误差消除分析

星载 SAR 影像无控制点定位误差是由星地链路各项误差源引起的，为了提高定位精度，需要尽可能地消除和减弱各项误差的影响。上述分析的各类误差源产生原因各有差异，对几何定位精度的影响规律也不一样，需要对各类误差进行针对性的处理。根据误差随时间和空间的变化特性，将误差分为动态误差和静态误差两类，动态误差随时间和空间会发生变化，而静态误差在一定时间内不会发生变化或变化幅度很小，动态误差主要包括卫星平台、观测环境和地面处理引入的误差。静态误差主要包括 SAR 载荷引入的误差。

SAR 载荷引入的误差包括系统收发通道时延和方位向时间误差。系统收发通道时延是一个稳定的系统量，虽然星上有内定标系统，但卫星在轨工作时，内定标系统并不能测量天线波束扫描设置的延迟组件时延和 T/R 组件输出到波导阵面的收发时延。方位向时间误差主要由 SAR 系统内部相对时间计数器误差、秒脉冲

（pulse per second，PPS）误差及打入辅助数据时的硬件操作误差引起，是长期稳定的系统量。因此，系统收发通道时延和方位向时间误差可以利用高精度控制点用几何定标的手段解决。

卫星平台引入的误差可以通过 GPS 来减小，在星上安装 GPS 接收机进行卫星精密定轨，这一技术已经应用得相对比较成熟。星上搭载的 GPS 主要分为单频 GPS 和双频 GPS 两类，单频 GPS 定轨精度可以做到优于 0.2 m（郭向，2013），而双频 GPS 可以达到厘米级的定轨精度（赵春梅，2013）。因此，经过精密定轨技术处理后，不管是单频 GPS 还是双频 GPS，轨道残余误差对几何定位精度的影响都非常小。

大气传播延迟与传播路径和大气环境有关，目前，星载测距系统主要采用基于外部数据的大气延迟改正方法来计算大气延迟改正值，利用外部数据获取测距时刻的气象数据，并结合大气天顶延迟模型构建卫星测距的距离改正模型（Schubert，2010）。

目标高度误差与地面场景相关，为了消除高程误差，需要获取成像场景内每个目标点的高程，在遥感影像定位过程中，一般利用数字高程模型来获取目标点高程。

在确定目标位置时，为了补偿多普勒中心频率误差引起的定位偏差，应使用用于参考函数形成像素的同一个多普勒中心频率。只要成像处理中所采用的多普勒中心频率与定位方程中所用的多普勒中心频率相一致，则多普勒中心频率的偏差只是影响地面成像区域的偏移，而对定位精度不会造成很大的影响（杨杰，2004）。"停-走"假设引入的误差可以通过持续运动校正因子进行消除（仇晓兰，2013）。

通过对影像定位精度的各类误差进行分析可知，可以通过几何定标的手段来计算卫星定位参数系统误差，该方法利用定标区域的控制数据解算几何定标模型，获取定标参数，利用定标参数对其他影像的几何定位参数进行补偿，从而提高无控制点区域影像的定位精度。

3.3 顾及大气延迟的星载 SAR 影像高精度几何定标

SAR 系统每次对地面成像时，大气折射效应引起的测距延迟都会变化。针对大气延迟时变误差影响星载 SAR 几何定标精度的问题，采用基于外部数据的大气延迟改正方法，计算大气延迟改正值。针对角反射器像平面坐标难以准确识别的问题，采用质心法提取角反射器像平面坐标。

3.3.1 大气延迟改正

雷达观测信号在大气中的传播延迟会带来斜距测量的误差，由于大气时空的复杂性和变化性，SAR 系统每次对地面成像时，大气折射效应引起的测距延迟都会变化（Noerdlinger，1999），其变化值随着雷达信号入射角和大气环境的改变能达数米量级（Li et al.，2016），从而导致标定出的斜距改正值杂糅了大气延迟效应引起的时变误差。对于早期分辨率不高的 SAR 卫星，例如 ERS-1/2 的定标过程中，这一影响往往被忽略（Mohr，2001），但是新近发射的 SAR 卫星，随着分辨率的提高，大气延迟效应在斜距标定过程中都会加以考虑（Schubert et al.，2010；Jehle et al.，2008）。

目前，星载测距系统主要采用基于外部数据的大气延迟改正方法来计算大气延迟改正值，利用外部数据获取测距时刻的气象数据，并结合大气天顶延迟模型构建卫星测距的大气延迟改正模型（Chen，2012；Doin，2009；Jehle et al.，2008；Quinn，2001）。大气延迟改正模型多写成入射角相关映射函数和大气天顶延迟的乘积（Davis，1985）：

$$\Delta L = m(\varepsilon)\Delta L_z \tag{3.16}$$

式中：$m(\varepsilon)$ 为与入射角 ε 相关的映射函数；ΔL_z 为大气天顶延迟。

映射函数模型有多种，其中精度较高的映射函数包括 Saastamoinen 映射函数、Marini 映射函数、Chao 映射函数和 CfA2.2 模型、VMF1 映射函数模型（王纯 等，2009）。映射函数还可近似表示成简单形式：$m(\varepsilon)=1/\cos\varepsilon$，当天顶入射角小于 60° 时，简单模型与其他模型的差异不到 2%（朱陶业 等，2007）。由于星载 SAR 系统工作时入射角一般小于 60°，采用简单映射函数即可以满足星载 SAR 大气延迟改正精度要求。ICESat 和 TerraSAR-X 数据在做大气延迟改正处理时，映射函数多采用此近似形式（Nitti et al.，2014；Wang et al.，2011）。

大气天顶延迟 ΔL_z 的计算主要分为两部分，包括对流层天顶延迟 ΔL_{trop} 和电离层天顶延迟 ΔL_{iono}，ΔL_{trop} 的计算公式为

$$\begin{cases} \Delta L_{trop} = \int_z^\infty (n(z)-1)\,\mathrm{d}z \\ n(z)-1 = 10^{-6} N \\ N = k_1(\lambda)\dfrac{P_d}{T}z_d^{-1} + k_2(\lambda)\dfrac{P_w}{T}z_w^{-1} \end{cases} \tag{3.17}$$

式中：P_d 和 P_w 分别为干大气压强和湿大气压强；T 为温度，单位是 K；z_d 和 z_w 分别为干大气和湿大气的压缩比；$k_1(\lambda)$ 和 $k_2(\lambda)$ 由 SAR 信号的波长决定，计算公式如下：

$$\begin{cases} k_1(\lambda) = 0.237\,134 + 68.393\,97\,\dfrac{130 + \lambda^{-2}}{(130 - \lambda^{-2})^2} + 0.454\,73\,\dfrac{38.9 + \lambda^{-2}}{(38.9 - \lambda^{-2})^2} \\ k_2(\lambda) = 0.648\,731 + 0.017\,417\,4\lambda^{-2} + 3.557\,5\lambda^{-4} + 6.195\,7\lambda^{-6} \end{cases} \quad (3.18)$$

ΔL_{iono} 的计算公式为

$$\Delta L_{iono} = \frac{40.28}{f^2}\text{TEC} \quad (3.19)$$

式中：f 为电磁波信号的发射频率；TEC 为电离层电子浓度总含量。

3.3.2　角反射器像平面坐标提取

几何定标参数的解算需要用到角反射器的地面坐标和像平面坐标，地面坐标和像平面坐标是否准确直接影响几何定标参数的精度，最终影响定标后的影像无控制点定位精度。角反射器地面坐标用 GPS 定位设备进行测量，精度可以达到厘米量级。角反射器特殊的材质及布设姿态，导致其对 SAR 观测信号有很强的反射，因此，角反射器在 SAR 影像上的响应类似于一个标准点目标。SAR 信号照射到角反射器上，散射回去的信号可以用一个如式（3.20）脉冲响应函数来表示（Curlander et al.，1991）：

$$h(x,t,R) = e^{-j\frac{4\pi R}{\lambda}}\tau_p e^{-j\pi kt^2} \cdot \frac{\sin\left(\pi\dfrac{t}{\rho_r}\right)}{\pi\dfrac{t}{\rho_r}} I_s e^{-j\frac{2\pi}{\lambda R}x^2} \frac{\sin\left(\pi\dfrac{x}{\rho_a}\right)}{\pi\dfrac{x}{\rho_a}} \quad (3.20)$$

式中：x 为方位向坐标；t 为斜距方向上的时间；R 为角反射器与卫星轨道的最小距离；L_s 为合成孔径长度；τ_p 为脉冲宽度；k 为脉冲信号调频率；λ 为载波波长；ρ_r 为距离向分辨率；ρ_a 为方位向分辨率。

理想点目标在处理后的 SAR 影像中其灰度值表现为 sinc 函数，其灰度峰值就是点目标在影像平面的坐标，可以利用搜索最大灰度值来定位角反射器像平面坐标。

由于点目标峰值在处理后的数据中占一到两个像素，必须对峰值邻域内的角反射器响应进行插值，在角反射器成像区域内增加一些可利用的点，来提高像平面坐标提取的精度。国内外学者相继提出了多种目标点亚像素级定位方法（如质心法、高斯面拟合法、抛物面拟合法等）（胡晓东，2014），这些方法基于的数学模型都是为了准确描述像点质心与目标区域像素灰度值分布之间的关系，将得到的质心位置当作目标的精确像点坐标。角反射器一般布设在背景单一的区域，质心法的精度已能够满足要求，因此本章采用质心法提取角反射器的位置。

其算法具体步骤如下。

（1）通过 SAR 影像间接定位模型，由角反射器地面大地坐标计算其对应的像平面坐标，在计算得到的像点坐标附近区域，通过人工目视判读，初步确定角反射器的位置。

（2）以步骤（1）中初步确定的像平面坐标为中心，选取 M 列 N 行的邻近区域作为目标质心寻找区。假定目标质心寻找区的图像表示为 $f(x,y)$，其中，$x = 1, 2, \cdots, M$，$y = 1, 2, \cdots, N$。

（3）计算图像回波强度质心。计算公式为

$$X_c = \frac{\sum\limits_{x=1}^{M}\sum\limits_{y=1}^{N} f(x,y)x}{\sum\limits_{x=1}^{M}\sum\limits_{y=1}^{N} f(x,y)} \tag{3.21}$$

$$Y_c = \frac{\sum\limits_{x=1}^{M}\sum\limits_{y=1}^{N} f(x,y)y}{\sum\limits_{x=1}^{M}\sum\limits_{y=1}^{N} f(x,y)} \tag{3.22}$$

式中：(X_c, Y_c) 为目标区域的质心，也即为角反射器对应的像平面坐标。

3.3.3 顾及大气延迟的几何定标模型

几何定标模型的本质是建立 SAR 系统时延误差和方位向时间误差的补偿模型。距离-多普勒模型的方程表达如下：

$$\begin{cases} |\boldsymbol{R}_s - \boldsymbol{R}_t| = R \\ f_D = -\dfrac{2}{\lambda R}(\boldsymbol{V}_s - \boldsymbol{V}_t) \cdot (\boldsymbol{R}_s - \boldsymbol{R}_t) \\ \dfrac{x_t^2 + y_t^2}{(R_e + h_t)^2} + \dfrac{z_t^2}{R_p^2} = 1 \end{cases} \tag{3.23}$$

式中：$\boldsymbol{R}_s$ 和 $\boldsymbol{R}_t$ 为传感器和目标的位置矢量；R 为斜距；λ 为雷达波长；f_D 为多普勒中心频率；$\boldsymbol{V}_s$ 和 $\boldsymbol{V}_t$ 为传感器和目标的速度矢量；R_e 为地球椭球的长半轴；h_t 为当地目标高程；R_p 为地球椭球的短半轴；(x_t, y_t, z_t) 为目标在地固坐标系下的空间直角坐标。

在式（3.23）中，地面目标点与 SAR 卫星天线相位中心之间的距离 R 可以用式（3.24）计算：

$$R = R_{\text{near}} + i\frac{c}{2f_s} \tag{3.24}$$

式中：R_{near} 为根据 SAR 影像第一个距离门的雷达观测信号传播时间确定的，即影像辅助文件参数中的近距；i 为目标点在像平面坐标系中的距离向坐标；c 为电磁波在大气中的传播速度；f_s 为脉冲采样频率。

在距离-多普勒方程的解算过程中，SAR 卫星天线相位中心的位置和速度是根据目标点成像时间 η_p 对卫星下传的离散轨道数据进行插值得到的。目标成像时间 η_p 的计算公式为

$$\eta_p = \eta_0 + \frac{j}{PRF} \tag{3.25}$$

式中：η_0 为影像起始行的时间；j 为目标点在像平面坐标系中的方位向坐标；PRF 为 SAR 载荷脉冲重复频率。

星载 SAR 几何定标模型为

$$\begin{cases} R = R_{near} + r + \Delta L + i\dfrac{c}{2f_s} \\ \eta_p = \eta_0 + t_a + \dfrac{j}{PRF} - \dfrac{R_{near}}{c} + \dfrac{i}{2f_s} \end{cases} \tag{3.26}$$

式中：r 和 t_a 分别为斜距改正值和方位向时间改正值；R 和 η_p 分别为利用控制点的地面坐标通过距离-多普勒模型的间接定位方法计算得到。间接定位方法的具体过程如下。

（1）把已知控制点 A 的坐标从经纬度转为地固坐标系下的空间直角坐标（X_A、Y_A、Z_A），得到 A 点的位置矢量 $\boldsymbol{R}_{AO}$ 和速度矢量 $\boldsymbol{V}_{AO}$。

（2）给定某个影像行对应的方位向成像时间初始值 η_{p_i}。

（3）根据获取的卫星航迹通过插值拟合算法求出给定方位向时间 η_{p_i} 对应的卫星位置矢量 $\boldsymbol{R}_{SO}$ 和速度矢量 $\boldsymbol{V}_{SO}$。

（4）将 $\boldsymbol{R}_{SO}$、$\boldsymbol{V}_{SO}$、$\boldsymbol{R}_{AO}$、$\boldsymbol{V}_{AO}$ 代入多普勒方程求出多普勒中心频率 f_{De}。同时，卫星参数文件中提供了该方位向成像时间对应的多普勒中心频率 f_D，根据式（3.27）可以算出两个多普勒中心频率对应的时间改变量：

$$dt = (f_{De} - f_D) / f_D' \tag{3.27}$$

式中：多普勒中心频率的变换率 f_D' 需要用数值微分方法近似求解。

（5）更新方位向成像时间 $\eta_{p_i} = \eta_{p_{i-1}} + dt$。

（6）重新计算 f_{De}、f_D，判断 $|f_{De} - f_D|$ 是否小于阈值，若小于则迭代终止转向（7），否则转向（3）继续迭代运算。

（7）由 η_{p_i} 对应的卫星位置 $\boldsymbol{R}_{SO}$ 和控制点位置 $\boldsymbol{R}_{AO}$ 计算出斜距 R。

（8）当前 (η_{p_i}, R) 就是所要求解的方位向时间和斜距。

3.3.4 多时序 SAR 影像联合定标策略

由几何定标模型及其解算方法可知,影响星载 SAR 几何定标精度的主要因素有卫星轨道测量误差、大气延迟改正模型误差、控制点坐标(像平面坐标和地面坐标)测量误差。对于低轨 SAR 卫星,通过高精度事后精密定轨数据处理技术,卫星轨道测量误差引起的定位误差量级在分米量级,好的情况甚至可达到厘米量级,大气延迟改正模型误差引起的定位误差也在分米量级。

在单景影像成像的短时间内,定标链路中的误差源对几何定标参数求解精度的影响主要表现为系统性误差,而对于同一地区多时相影像来说,几何定标误差源对几何定标参数求解精度的影响更多地表现出随机性。不同时间的定标影像获取的几何定标参数不同,整体存在一定的起伏波动,可以采用多时序联合定标实现几何定标参数的稳定求解。

假设参与几何定标的有 k 景定标影像,每景定标影像上选取 n 个控制点,可按式(3.28)列出 $2 \times k \times n$ 个误差方程式,总误差方程的矩阵形式可以表示为

$$V = AX - L \tag{3.28}$$

式中

$$L_{st} = \begin{bmatrix} l_R \\ l_{\eta_p} \end{bmatrix}_{st} = \begin{bmatrix} R - (R) \\ \eta_p - (\eta_p) \end{bmatrix}_{st}$$

下标 st 表示第 s 景上的第 t 个控制点的常数项计算式。通过最小二乘的方法求得最终的几何定标参数(斜距改正值和方位向时间改正值)。

3.4 实验结果与分析

3.4.1 实验数据介绍

1. 高分三号卫星数据

实验数据采用 5 m 分辨率(精细条带 1)和 8 m 分辨率(全极化条带 1)的高分三号(GF-3)SAR 影像数据,采集时间为 2017 年 1 月 11 日至 2017 年 6 月 10 日。为了验证本书对 GF-3 SAR 卫星几何定位精度提升的有效性,采用河北省安平县、内蒙古自治区托克托县、河南省登封市、湖北省咸宁市的 GF-3 SAR 影像数据和地面控制点数据进行精度验证和评价,GF-3 SAR 影像数据信息如表 3.1 所示。

表 3.1　实验区 GF-3 SAR 影像数据信息

成像模式	时宽和带宽	成像时间	成像区域	影像数量	影像编号	控制点数量
精细条带 1（5 m 分辨率）	24.99 μs &50 MHz	2017-1-11	托克托县	2	NM-0111-1	8
					NM-0111-2	2
		2017-1-11	登封市	1	DF-0111	3
		2017-1-11	咸宁市	2	XN-0111-1	14
					XN-0111-2	7
	30 μs & 50 MHz	2017-1-23	托克托县	1	NM-0123	5
		2017-1-23	咸宁市	2	XN-0123-1	2
					XN-0123-2	11
全极化条带 1（8 m 分辨率）	24.99 μs &30 MHz	2017-3-6	安平县	1	AP-0306	2
		2017-3-10	咸宁市	1	XN-0310	3
		2017-3-6	咸宁市	3	XN-0306-1	5
					XN-0306-2	8
					XN-0306-3	6
	24.99 μs & 40 MHz	2017-2-20	托克托县	2	NM-0220-1	4
					NM-0220-2	2
		2017-4-1	托克托县	1	NM-0401	3
		2017-5-1	托克托县	3	NM-0524-1	3
					NM-0524-2	11
					NM-0524-3	3
		2017-6-10	托克托县	2	NM-0610-1	5
					NM-0610-2	6
		2017-4-1	登封市	1	DF-0401	2
		2017-4-1	咸宁市	2	XN-0401-1	7
					XN-0401-2	4
		2017-4-30	咸宁市	2	XN-0430-1	1
					XN-0430-2	1
		2017-5-29	咸宁市	1	XN-0529	1

2. 控制点数据

在河南省登封市嵩山遥感卫星定标场布设 6 套高精度自动角反射器设备，如图 3.11 所示。每个角反射器点均采用河南省多基站网络实时动态（real-time kinematic，RTK）定位技术建立的连续运行（卫星定位服务）参考站（CORS）进行精密测量，实现厘米量级点位测量精度。根据 GF-3 卫星的拍摄计划，远程控制调整自动角反射器设备，实现高效的、快速的星地同步，满足常态化快速定标需求。

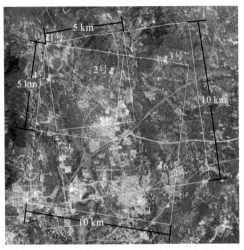

图 3.11　嵩山地区自动角反射器分布图

河北省安平县、内蒙古自治区托克托县、河南省登封市、湖北省咸宁市的地面控制点的选取本着地势平坦、特征明显的原则，主要以"十"字道路中心交叉口、池塘角点等为主。采用多台 GNSS 接收机静态观测或实时动态定位技术获取厘米量级定位精度的地面控制点数据。

3.4.2　GF-3 卫星几何定标与精度验证

针对 GF-3 卫星的 2 种成像模式（精细条带 1 和全极化条带 1）、4 个时宽带宽组合（24.99 μs & 50 MHz、30 μs & 50 MHz、24.99 μs & 30 MHz、24.99 μs & 40 MHz），利用 4 个地面控制区域（河北省安平县、内蒙古托克托县、河南省登封市、湖北省咸宁市）进行几何定标与精度验证实验。其中，河南省登封市地区采用自动角反射器作为地面控制点，内蒙古自治区托克托县、湖北省咸宁市采用 GPS 外业测量的地面特征点作为控制点。

1. 大气传播延迟影响分析

根据 NCEP 和 CODE 的外部辅助数据，对 GF-3 SAR 影像内的控制点逐一计算大气传播延迟改正值。改正值的平均值和最大差值统计结果如图 3.12 所示。

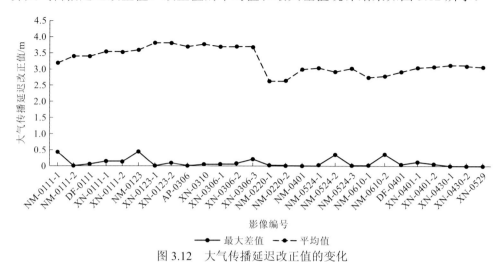

图 3.12 大气传播延迟改正值的变化

在图 3.12 中，改正值的最大差值是一景 GF-3 卫星影像内所有控制点的大气传播延迟改正值的最大值与最小值之差。最大差值的最大值是 0.446 m，表明具有不同成像时间和地区的大气传播延迟改正值也是不同的。由此可见，通过逐个控制点进行大气传播延迟改正，几何定位精度可以提升近 0.5 m。在图 3.12 中，改正值的平均值是一景 GF-3 卫星影像内所有控制点的大气传播延迟改正值的平均值。平均值的最大差值是 1.184 m，表明具有不同空间分布的控制点的大气传播延迟改正值是不同的。由此可见，通过逐景 SAR 影像进行大气传播延迟改正，几何定位精度可以提升约 1 m。总之，通过逐景 SAR 影像、逐个控制点进行大气传播延迟改正，可以提升几何定位精度。

2. 控制点精度分析

单景 SAR 影像几何定标后的结果可以反映控制点的提取精度。GF-3 卫星 SAR 影像的单景定标结果，如表 3.2 所示。

表 3.2 GF-3 SAR 影像单景定标结果

成像模式	时宽和带宽	影像编号	方位向定位精度/像素	距离向定位精度/像素	平面方向定位精度/像素
精细条带 1（5 m 分辨率）	24.99 μs &50 MHz	NM-0111-1	0.122	0.308	0.331
		NM-0111-2	0.091	0.179	0.201
		DF-0111	0.014	0.168	0.169
		XN-0111-1	0.121	0.353	0.373
		XN-0111-2	0.07	0.332	0.339

成像模式	时宽和带宽	影像编号	方位向定位精度/像素	距离向定位精度/像素	平面方向定位精度/像素
精细条带1（5 m 分辨率）	30 μs & 50 MHz	NM-0123	0.114	0.17	0.205
		XN-0123-1	0.052	0.216	0.222
		XN-0123-2	0.189	0.437	0.476
全极化条带1（8 m 分辨率）	24.99 μs & 30 MHz	AP-0306	0.118	0.071	0.138
		XN-0310	0.079	0.359	0.367
		XN-0306-1	0.116	0.346	0.365
		XN-0306-2	0.15	0.192	0.243
		XN-0306-3	0.163	0.221	0.275
	24.99 μs & 40 MHz	NM-0220-1	0.064	0.253	0.261
		NM-0220-2	0.175	0.013	0.176
		NM-0401	0.343	0.102	0.358
		NM-0524-1	0.025	0.156	0.157
		NM-0524-2	0.086	0.233	0.249
		NM-0524-3	0.115	0.103	0.155
		NM-0610-1	0.086	0.24	0.255
		NM-0610-2	0.14	0.21	0.253
		DF-0401	0.073	0.008	0.074
		XN-0401-1	0.118	0.186	0.22
		XN-0401-2	0.144	0.36	0.388
		XN-0430-1	0	0	0
		XN-0430-2	0	0	0
		XN-0529	0	0	0

从表 3.2 的结果可以看出，由于登封地区的地面控制点是高精度自动角反射器，该地区 SAR 影像在单景几何定标后的几何定位精度相对较高，最高可达0.074 m。然而，其他地区选择典型地物特征点作为控制点，单景几何定标后的几何定位精度相对较低。这是因为受斑点噪声、影像分辨率和信噪比等因素的影响，在选取典型地物特征作为控制点时存在一定的选点误差。从表 3.2 的结果可以看出，在选取典型地物特征作为控制点的情况下，几何定位精度仍优于 0.5 个像素，

由此说明选点误差在 0.5 个像素左右。另外，表 3.2 中最后三景 SAR 影像只有一个控制点，故单景几何定标后的几何定位精度均为 0 个像素。

3. 几何定标结果分析

针对 GF-3 SAR 影像的 24.99 μs & 40 MHz 时宽和带宽组合，利用 13 景 SAR 影像的几何定标参数结果分析 GF-3 SAR 影像的系统误差，如图 3.13 和图 3.14 所示。

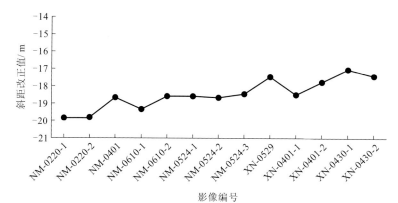

图 3.13　斜距改正值的变化

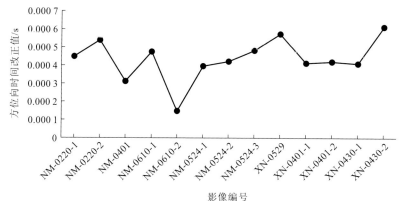

图 3.14　方位向时间改正值的变化

由图 3.13 可知，斜距改正值的最大差值为 2.811 m，均方根误差为 0.843 m。由于距离向的像素间隔约为 2.25 m，在像素尺度上斜距改正值的最大差值为 1.25 个像素，均方根误差为 0.37 个像素。由图 3.14 可知，方位向时间改正值的最大差值为 0.000 465 751 s，均方根误差为 0.000 113 152 s。由于方位向的等效脉冲重复频率（pulse repetition frequency，PRF）约为 1 216 Hz，在像素尺度上方位向时间改正值的最大差值为 0.57 个像素，均方根误差为 0.14 个像素。结果表明，斜距改正值和方位向时间改正值的变化趋势基本稳定。由此说明，GF-3 SAR 影像存在一定量级的系统误差。

针对实验区的 GF-3 SAR 影像数据，开展 4 组几何定标实验与精度验证。

（1）针对 24.99 μs & 50 MHz 组合，以河南省登封市的 GF-3 SAR 影像数据作为定标数据，将求解的固定系统误差补偿内蒙古自治区托克托县的 GF-3 SAR 影像数据。

（2）针对 30 μs & 50 MHz 组合，以内蒙古自治区托克托县的 GF-3 SAR 影像数据作为定标数据，将求解的固定系统误差补偿湖北省咸宁市的 GF-3 SAR 影像数据。

（3）针对 24.99 μs & 30 MHz 组合，以湖北省咸宁市的 GF-3 SAR 影像数据作为定标数据，将求解的固定系统误差补偿河北省安平县的 GF-3 SAR 影像数据。

（4）针对 24.99 μs & 40 MHz 组合，以湖北省咸宁市的 GF-3 SAR 影像数据作为定标数据，将求解的固定系统误差补偿内蒙古托自治区克托县和河南省登封市的 GF-3 SAR 影像数据。精度验证结果如表 3.3 所示。

表 3.3　GF-3 卫星补偿几何定标参数前后的几何定位精度对比

成像模式	时宽和带宽	影像 ID	几何定标	方位向定位精度/像素	距离向定位精度/像素	2D 定位精度	
						像素	m
精细条带 1（5 m 分辨率）	24.99 μs &50 MHz	NM-0111-1	定标前	0.463	9.679	9.690	21.802
			定标后	0.176	1.217	1.230	2.781
		NM-0111-2	定标前	0.528	9.840	9.854	22.175
			定标后	0.106	1.121	1.126	2.537
	30 μs & 50 MHz	XN-0123-1	定标前	0.432	10.452	10.461	23.540
			定标后	0.301	0.505	0.588	1.481
		XN-0123-2	定标前	0.525	9.940	9.954	22.412
			定标后	0.301	0.441	0.534	1.374
全极化条带 1（8 m 分辨率）	24.99 μs &30 MHz	AP-0306	定标前	0.655	5.211	5.252	23.663
			定标后	0.136	0.264	0.296	1.366
	24.99 μs&40 MHz	NM-0220-1	定标前	0.549	9.997	10.013	22.686
			定标后	0.079	1.018	1.021	2.330
		NM-0220-2	定标前	0.677	9.983	10.007	22.763
			定标后	0.186	0.969	0.986	2.413
		NM-0401	定标前	0.531	9.628	9.643	21.824
			定标后	0.410	0.469	0.623	2.379

成像模式	时宽和带宽	影像 ID	几何定标	方位向定位精度/像素	距离向定位精度/像素	2D 定位精度	
						像素	m
全极化条带 1（8 m 分辨率）	24.99 μs&40 MHz	NM-0524-1	定标前	0.482	9.613	9.625	21.778
			定标后	0.112	0.451	0.465	1.190
		NM-0524-2	定标前	0.520	9.599	9.613	21.774
			定标后	0.116	0.515	0.528	1.324
		NM-0524-3	定标前	0.597	9.546	9.564	21.717
			定标后	0.115	0.377	0.394	1.061
		NM-0610-1	定标前	0.584	9.817	9.834	22.208
			定标后	0.088	0.794	0.799	1.850
		NM-0610-2	定标前	0.228	9.507	9.510	21.413
			定标后	0.435	0.473	0.642	2.632

从表 3.3 的结果可以看出，经过几何定标后，GF-3 卫星的精细条带 1 模式和全极化条带 1 模式的最大几何定位误差分别为 2.781 m 和 2.632 m，且几何定位误差在 1.061～2.781 m。几何定位精度基本稳定，说明实验结果是可靠的，GF-3 卫星的几何定位精度优于 3 m。另外，实验数据的成像时间范围大约是 5 个月，说明 GF-3 卫星在此期间的几何定位性能相对稳定。

参 考 文 献

郭向, 张强, 赵齐乐, 等, 2013. 基于单频星载 GPS 数据的低轨卫星精密定轨. 中国空间科学技术, 33(2): 41-46.

胡晓东, 胡强, 雷兴, 等, 2014. 一种用于白天星敏感器的星点质心提取方法. 中国惯性技术学报, 22(4): 481-485.

李松, 肖建明, 马跃, 等, 2013. 星载激光测高系统的大气折射延迟改正模型研究. 光学与光电技术, 11(1): 7-11.

墙强, 2011. 基于 RPC 模型的星载高分辨率 SAR 影像正射纠正. 武汉: 武汉大学.

仇晓兰, 韩传钊, 刘佳音, 2013. 一种基于持续运动模型的星载 SAR 几何校正方法. 雷达学报, 2(1): 54-59.

王纯, 张捍卫, 2009. 大气折射延迟映射函数的比较. 地理空间信息, 7(6): 85-87.

杨杰, 2004. 星载 SAR 影像定位和从星载 InSAR 影像自动提取高程信息的研究. 武汉: 武汉大学.

赵春梅, 唐新明, 2013. 基于星载 GPS 的资源三号卫星精密定轨. 宇航学报, 34(9): 1202-1206.

赵欣, 张毅, 赵平建, 等, 2011. 星载激光测高仪大气传输延迟对测距精度的影响. 红外与激光工程, 40(3): 438-442.

朱陶业, 朱建军, 张学庄, 等, 2007. 大气折射的映射函数与神经网络拟合比较分析. 测绘学报, 36(3): 290-295.

CHEN Q, SONG S, ZHU W, 2012. An analysis of the accuracy of zenith tropospheric delay calculated from ECMWF/NCEP data over Asian area. Chinese Journal of Geophysics, 55(5): 746-747.

CURLANDER J C, MCDONOUGH R N, 1991. Synthetic aperture radar: Systems and signal processing. New Jersey: John Wiley & Sons.

DAVIS J L, HERRING T A, SHAPIRO I I, et al., 1985. Geodesy by radio interferometry: Effects of atmospheric modeling errors on estimates of baseline length. Radio Science, 20(6): 1593-1607.

DOIN M P, LASSERRE C, PELTZER G, et al., 2009. Corrections of stratified tropospheric delays in SAR interferometry: Validation with global atmospheric models. Journal of Applied Geophysics, 69(1): 35-50.

JEHLE M, PERLER D, SMALL D, et al., 2008. Estimation of atmospheric path delays in TerraSAR-X data using models vs. measurements. Sensors, 8(12): 8479-8491.

LI S, ZHANG G, TANG X, et al., 2016. A method for detecting the atmospheric refraction effect using satellite remote sensing. Remote Sensing Letters, 7(10): 985-993.

MOHR J J, MADSEN S N, 2001. Geometric calibration of ERS satellite SAR images. IEEE Transactions on Geoscience & Remote Sensing, 39(4): 842-850.

NITTI D O, BOVENGA F, NUTRICATO R, et al., 2014. On the use of numerical weather models for improving SAR geolocation accuracy//10th European Conference on Synthetic Aperture Radar: 1-4.

NOERDLINGER P D, 1999. Atmospheric refraction effects in Earth remote sensing. ISPRS Journal of Photogrammetry & Remote Sensing, 54(5-6): 360-373.

QUINN K, 2000. Atmospheric delay correction to GLAS laser altimeter ranges. GLAS Algorithm Theoretical Basis Document. http://www.csr.utexas. edu/glas/atbd.html.

SCHUBERT A, JEHLE M, SMALL D, et al., 2010. Influence of atmospheric path delay on the absolute geolocation accuracy of TerraSAR-X high-resolution products. IEEE Transactions on Geoscience & Remote Sensing, 48(2): 751-758.

SCHUBERT A, MIRANDA N, GEUDTNER D, et al., 2017. Sentinel-1A/B combined product geolocation accuracy. Remote Sensing, 9(6): 607.

WANG X, CHENG X, GONG P, et al., 2011. Earth science applications of ICESat/GLAS: A review. International Journal of Remote Sensing, 32(23): 8837-8864.

第 4 章   星载 SAR 影像自动匹配

星载 SAR 影像在全球正射影像生产过程中，需要通过区域网平差技术来解决大区域影像之间相对定位精度问题，然而大规模星载 SAR 影像平差精度依赖于相邻 SAR 影像之间的连接点获取精度。本章主要介绍星载 SAR 影像大区域影像自动匹配方法。通过 GF-3 卫星获取的全球覆盖 SAR 影像数据，实现大区域星载 SAR 影像连接点快速自动提取，验证本章方法的可靠性。

4.1   星载 SAR 影像匹配原理

针对全球覆盖的 SAR 影像数据，基于有理多项式系数（rational polynornial coefficient，RPC）模型构建影像拓扑结果关系，进而通过改进的合成孔径雷达-尺度不变特征变换（synthetic aperture radar-scale invariant feature transform，SAR-SIFT）算子，实现大区域影像间的相邻影像的特征提取，利用近似最邻近快速搜索-K 最邻近（fast library for approximate nearest neighbors＆k-nearest neighbor，FLANN-KNN）算法实现特征点的粗匹配获取像素配准点，最后建立基于地形约束的配准点精化方法获取高精度配准点。为了保障获取的连接点在整景影像上的均匀分布，通过泊松采样算法对配准后的连接点进行均质化处理，最终获得分布均匀的配准点对。星载 SAR 影像匹配技术路线如图 4.1 所示。

4.1.1   基于逐级匹配的星载 SAR 影像匹配

1. SAR 影像特征提取

尺度不变特征转换（SIFT）由不列颠哥伦比亚大学的 Lowe（2004）提出，之后他又对其进行了完善和总结。SIFT 算法用于提取影像局部特征，它构造影像的多尺度空间，并在其上搜索极值点作为关键点，筛选有效的关键点，在筛选后的关键点上提取局部特征描述子。实际的应用证明，因为 SIFT 具有诸多优良的特性，所以它在影像的识别、分类和匹配问题上有较大的优势。

值得注意的是，由于传统的SIFT算法主要分析局部"斑点"特征，而且通过差分梯度生成特征向量，在分析存在大量斑点噪声的SAR影像时，强散射区域的特征点存在大量冗余，性能不够稳定。基于上述问题，相关研究学者基于SIFT算法，针对 SAR 影像匹配问题也做出了优化（叶沅鑫 等，2013；Balz et al.，2013；

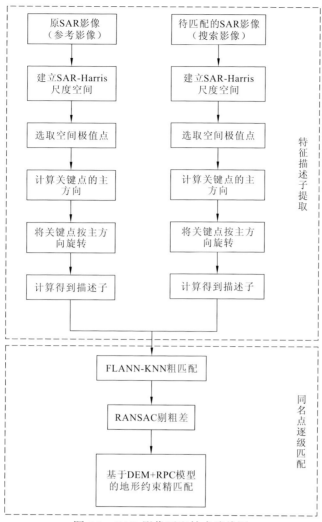

图 4.1　SAR 影像匹配技术路线图

RANSAC：random sample consensus，随机抽样一致性

Schwind et al.，2010；Chen et al.，2006），本书在 Dellinger（2015）通过改进像素点提取计算方式和改进最终描述子生成方式提出性能更好的 SAR-SIFT 算法基础上进行部分改进。

1）ROEWA 梯度

SAR-SIFT 算法相较于 SIFT 算法最大的改进之处在于通过指数加权均值比（ratio of exponential weighted average，ROEWA）边缘检测算子定义梯度。ROEWA 利用比值确定像素点梯度，使算子对影像边缘形态的描绘更接近影像的真实状态。SAR-SIFT 算法中，需要通过相对边局部均值沿两个正交方向（即角度为 0 和 π/2）的加权比来实现 SAR 影像距离向和方位向加权平均滤波，具体而言就需要利用 ROEWA 算子以特征点为中心选取邻域框，分别计算 0 和 $\pi/2$ 角度的灰度梯度值，如图 4.2 所示。

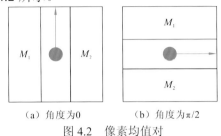

（a）角度为0   （b）角度为$\pi/2$

图 4.2   像素均值对

图 4.2 中 M_a 为窗口灰度均值，其表达式为

$$M_a(x,y) = \sum_\omega \begin{bmatrix} I_x^2 & I_x \\ I_x I_y & I_y^2 \end{bmatrix} \tag{4.1}$$

式中：I_x 和 I_y 分别为影像像素灰度值；ω 为 Harris 窗口加权函数。将窗口灰度均值进行 ROEWA 加权平滑后可以变为

$$M_{1,\alpha}(i) = \int_{x=R} \int_{y=R+} I(a+x,b+y) \times e^{-\frac{|x|+|y|}{\alpha}} \tag{4.2}$$

$$M_{2,\alpha}(i) = \int_{x=R} \int_{y=R-} I(a+x,b+y) \times e^{-\frac{|x|+|y|}{\alpha}} \tag{4.3}$$

式中：α 为指数权重参数；i 为角度；$I(x,y)$ 表示坐标为(x, y)的像素点灰度值；a 和 b 为窗口中心点坐标；$e^{-\frac{|x|+|y|}{\alpha}}$ 为指数加权函数。i 方向上的比值 R 和归一化 T 定义为

$$R_{i,\alpha} = \frac{M_{1,\alpha}(i)}{M_{2,\alpha}(i)} \tag{4.4}$$

$$T_{i,\alpha} = \max\left(R_{i,\alpha}, \frac{1}{R_{i,\alpha}}\right) \tag{4.5}$$

值得注意的是，由于像素点的加权均值比都是非负数，该定义下的方向角只能在 $0\sim\pi/2$ 范围内取值，为使方位角能够实现全域分布，即达到 $0\sim2\pi$ 的映射范围，SAR-SIFT 算法使用对数方式计算像素点梯度幅值 Mag_α 和方向角 Ori_α：

$$G_{x,\alpha} = \log R_{1,\alpha} \tag{4.6}$$

$$G_{y,\alpha} = \log R_{3,\alpha} \tag{4.7}$$

$$\mathrm{Mag}_\alpha = \sqrt{G_{x,\alpha}^2 + G_{y,\alpha}^2} \tag{4.8}$$

$$\mathrm{Ori}_\alpha = \arctan\frac{G_{y,\alpha}}{G_{x,\alpha}} \tag{4.9}$$

值得注意的是，由于 SAR 数据的相干斑噪声属于随机分布的乘性噪声，为更好地提取信息，需要在 ROEWA 定义的梯度幅值和方向角过程中对梯度噪声取对数，公式如下：

$$G_\alpha = \log\frac{I_1(x,y)\cdot N_1}{I_2(x,y)\cdot N_2} = \log(I_1(x,y)\cdot N_1) - \log(I_2(x,y)\cdot N_2) \tag{4.10}$$

式中：$I_1(x,y)$ 和 N_1 分别为角度为 0 时的像素点值和乘性噪声值；$I_2(x,y)$ 和 N_2 分别为角度为 π/2 时的像素点值和乘性噪声值。值得注意的是，由于 SAR 数据乘性噪声服从 Gamma 分布，可以近似认为两个方向噪声相等，上式可进一步简化为

$$G_\alpha = \log\frac{I_1(x,y)}{I_2(x,y)} = \log I_1(x,y) - \log I_2(x,y) \tag{4.11}$$

由式（4.11）可知，SAR 数据相干斑噪声符合 Gamma 分布且相互之间不存在耦合关系时，ROEWA 算子定义下的影像梯度仅由加权比值决定，与噪声无关。

2）特征空间构建

由于 Harris 角点相应算子具备尺度不变性，影像尺度分析法对静态单一尺度影像做拓展分析，可以将不同尺度下的影像信息进行综合考量。SAR-SIFT 算法将高斯函数的权重参数 α 作为尺度因子，计算各尺度下影像在 ROEWA 算子定义下的二维梯度，然后在该空间中对各层影像梯度系数进行高斯模糊，并代入 Harris 角点相应矩阵生成 SAR-Harris 尺度空间。

Harris 角点检测方法是基于影像灰度的检测方法，主要通过分析像素点的曲率和梯度信息来检测角点，检测到的角点具有旋转不变性，Harris 矩阵为

$$\boldsymbol{H}_a(x,y) = \begin{bmatrix} \dfrac{\partial I^2}{\partial x} & \dfrac{\partial I}{\partial x}\cdot\dfrac{\partial I}{\partial y} \\[3mm] \dfrac{\partial I}{\partial x}\cdot\dfrac{\partial I}{\partial y} & \dfrac{\partial I^2}{\partial y} \end{bmatrix} \tag{4.12}$$

式中：$\dfrac{\partial I}{\partial x}$ 和 $\dfrac{\partial I}{\partial y}$ 分别为影像 I 中的点 (x,y) 在 x 和 y 方向的偏微分，它们可由该点的邻域像素点之间的差分近似得到。

值得注意的是 Harris 角点响应值是由像素点的一阶偏导数计算而来的，当处理 SAR 影像时直接求导易受相干斑噪声的影响，无法准确反映局部角点特征。ROEWA 算子使用一个 2D 滤波器组计算影像像素的局部指数加权均值比，通过优化随机多边缘模型的最小均方误差，提高 SAR 数据的边缘提取分辨率。ROEWA 算子在处理 SAR 数据中展现出的较高鲁棒性，使得其可应用于定义数据特征梯度。将 ROEWA 算子提取的梯度替换原始梯度后，新得到 SAR-Harris 角点检测器既保持了对相干斑噪声的鲁棒性，又可以保持表达影像特征时的尺度不变性。

SAR-Harris 矩阵和响应值为

$$H_{\text{SAR}}(x,y,\alpha) = \alpha^2 G_{\sqrt{2}\alpha}\begin{bmatrix} G_{x,\alpha}^2 & G_{x,\alpha}\cdot G_{y,\alpha} \\ G_{x,\alpha}\cdot G_{y,\alpha} & G_{y,\alpha}^2 \end{bmatrix} \tag{4.13}$$

$$R_{SAR}(x, y, \alpha) = \text{Det}(H_{SAR}(x, y, \alpha)) - d \cdot \text{Trace}(H_{SAR}(x, y, \alpha))^2 \qquad (4.14)$$

式中：α 为指数加权函数的参数；$\sqrt{2}\alpha$ 为高斯函数标准差；d 为补偿常量，经验设置为 0.04～0.06。通过对 SAR-Harris 函数响应值 $R_{SAR}(x, y, \alpha)$ 设定阈值来抑制对比度相对较低的点，同时剔除主曲率较高的边缘处"假"极值点。

3）特征点检测

SIFT 算法通过高斯差分（difference of Gaussian，DoG）尺度空间检测极值点。SAR-SIFT 为进一步保持局部特征点的稳定性，使用 Laplace 空间进行特征点提取。Laplace 算子处理影像仿射变换时具有不变性，同时提取出的特征点具有更好的稳定性，如图 4.3 所示。

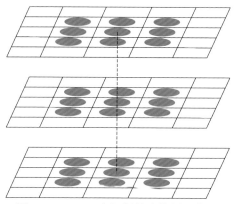

图 4.3　Laplace 空间极值点检测示意图

以生成 SAR-Harris 空间相同的尺度序列生成 Laplace 空间，当尺度为 α 时，点 (x, y) 处的 Laplace 响应值为

$$F(x, y, \alpha) = \alpha^2 \mid L_x(x, y, \alpha) + L_y(x, y, \alpha) \mid \qquad (4.15)$$

式中：L_x、L_y 分别为 x、y 方向的梯度。将高于 SAR-Harris 响应阈值的点在 Laplace 的 $3 \times 3 \times 3$ 空间邻域内进行峰值检测。该部分在检测策略上与 SIFT 相同，SAR-SIFT 使用精确的 Laplace 空间而不是其近似的 DoG 空间进行极值点检测，原理上检测结果更加精确，进一步加强了局部特征的仿射不变性。

4）特征点描述

为保证特征向量旋转不变性，SIFT 算法通过计算以特征点为圆心、半径为 12α 的圆形邻域内的所有梯度，将 360° 分为 36 份，每份为 10°，完成后构造梯度方向直方图，将像素点经过高斯加权的幅值累加在该点方向角中，通过直方图统计方式求取该特征点主方向，如图 4.4 所示。

对图 4.4 统计出的结果进行均值平滑处理，减少影像突变导致的影响，经过平滑处理后的直方图梯度峰值方向即为该特征点的主方向。

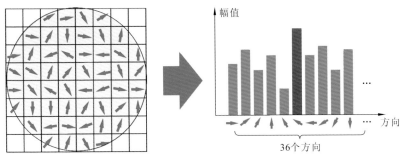

图 4.4 SIFT 特征点主方向描述

SAR-SIFT 算法的特征描述子为圆形描述子，其通过与 SIFT 算法相似的圆形邻域提取特征方向。如图 4.5 所示，设置圆形邻域的最大半径为 12α，将圆形邻域划分为 9 个子区域，其中内划分圆半径分别为 $0.25\times12\alpha$ 和 $0.73\times12\alpha$，并将该邻域内所有点的坐标以主方向为参考做旋转，使特征描述子保持旋转不变性。

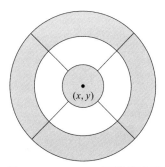

图 4.5 SAR-SIFT 圆形描述子

随后计算每个子区域的梯度方向直方图，并转化为一个一维直方图向量。该梯度方向直方图的水平方向与 SIFT 算法不同，它将 360° 均分为 12 份，每份 30°，然后将 9 个子区域的直方图向量拼接起来并归一化生成 108 维的 SAR-SIFT 特征向量。

2. SAR 影像特征匹配

基于 SAR-SIFT 算法获取大量特征点对后，使用 KNN 法和随机抽样一致性（RANSAC）粗差探测精化策略（Fischler et al.，1987）实现特征粗匹配，通过 DEM 和几何定位模型约束的特征点精匹配，以实现高精度连接点提取。

1）粗匹配

KNN 法通过在特征空间内两个影像对应特征点的相似度实现匹配。首先需要求取两图对应特征点特征向量的欧氏距离，欧氏距离值最小的两点可定义为匹配点。但值得注意的是由于特征点较多，特征向量较为复杂，单一欧氏距离计算可能出现特征点相似特征干扰。为降低干扰影响，除比较欧氏距离最邻近点外，还需要分析第二邻近点的欧氏距离大小，当两者数值比值小于给定阈值 k 时，就判定该特征点对为正确的特征点对，二维空间特征点对欧氏距离计算公式为

$$d = \sqrt{(x_1 - x_2)^2 + (y_1 - y_2)^2} \tag{4.16}$$

值得注意的是，由于受到特征点提取算法和特征描述方法的影响，KNN 法所得特征点对中仍会出现部分错误匹配点对，所以还需要更为严格的特征点匹配精化算法，即随机抽样一致性精化算法。

从原理上来说，RANSAC 算法是一种迭代数据集生成方式，首先需要设定算法阈值 R，其次从已有数据点集中任意选取两组特征点对构成影像变换仿射参数，其余点对分别计算相较于该仿射参数模型的误差值，满足误差值小于/等于 R 的点对就纳入数据集中，然后循环迭代初始选择的两组特征点对，迭代多次生成的数据集中含特征点对数最多的数据集即为准确数据集，该数据集此时的仿射变换参数即为最终配准参数。

2）基于地形约束的精匹配

基于 SAR 影像的有理多项式系数模型，实现坐标正反变换，选取两景影像上一景作为基准影像 F_{base}，另一景为待匹配影像 F_{match}，分别将基准影像和待匹配影像上的特征点像点坐标变换求取在大地坐标系上的地面点坐标，当同名点坐标的差值满足某一阈值时即为满足同名点精度要求，否则就视为误差点。

$$F_{base}(\text{Latitude}, \text{Longitude}, \text{Height}) = T(\text{line}, \text{sample}) \tag{4.17}$$

$$F_{match}(\text{Latitude}, \text{Longitude}, \text{Height}) = T(\text{line}, \text{sample}) \tag{4.18}$$

分别获取其对应地面点坐标后，二者差值 Δ，若满足阈值则为同名点，否则为误差点。

$$\begin{cases} F_{base} - F_{match} \leqslant \Delta, & 1 \\ F_{base} - F_{match} > \Delta, & 0 \end{cases} \tag{4.19}$$

式中：1 为同名点；0 为误差点。

4.1.2 基于泊松采样的匹配点优选方法

为了保障获取的连接点在整景影像上的均匀分布，引入计算机图形学中的泊松圆盘采样算法对配准后的连接点进行均质化处理，最终获得高配准精度和分布均匀的连接点。

1. 泊松圆盘采样算法

泊松圆盘采样算法引入计算机图形学用于解决图形的混淆问题，针对泊松圆盘采样有如下的定义：在 K 维空间内，对于给定的采样域 D，理想的泊松圆盘采

样点集 $X = \{(x_i, r_i)\}_{i=1}^{n}$ 满足三个性质。

（1）空圆特性

$$\forall x_i, x_j \in X, \quad x_i \neq x_j : \| x_i - x_j \| \geq r \tag{4.20}$$

（2）最大化特征

$$\forall x \in D, \quad \exists x_i \in X : \| x - x_i \| < r \tag{4.21}$$

（3）无偏特性

$$\begin{cases} \forall x_i \in X, \quad \forall \Omega \in D_{i-1}, \\ P(x_i \in \Omega) = \dfrac{\text{Area}(\Omega)}{\text{Area}(D_{i-1})} \end{cases} \tag{4.22}$$

式中：Ω 为新增圆盘所覆盖的区域；D_{i-1} 为 D 中未采样域。

采样点间需满足一个最小的距离间隔要求，即为空圆特性。最大化特性要求采样圆盘的相互重叠能覆盖整个采样域，即不能再添加新的采样点。此条件也指明了相对应采样算法结束采样过程的标准。采样的无偏性要求新增采样点出现在某子采样域内的概率为该子采样域占所有未采样域的比例，可看作子采样域完全独立于先前采样点覆盖的区域。

2. 基于泊松采样的匹配点抽稀

将提取的配准点作为整体样本点代表"活跃"的样本。在每次迭代中，从该组的所有"活跃"样本中随机地选择一个样本。接着在样本周围的环形区域内随机产生新的候选样本，最多产生 k 次。泊松盘的环带半径范围为 $(r, 2r)$，其中 r 是任意两个样本之间的最小允许距离。如果产生的新候选样本落在了现有样本半径为 r 的范围内将被拒绝。如果候选样本点满足以上条件并被接受（即和周围的现有样本点距离大于或等于 r），它将被作为新的活跃样本。如果第 k 个候选样本点仍然是不可接受的，那么所选择的"活跃"样本点将被标记为无效(非活性)，将不再用于产生候选样本点。

在 SAR 影像自动提取的密集配准点均质处理过程中，采用以下操作流程进行点数均质处理。

第一步：设定好两个点之间最近的距离 r，以及采样点所在空间的维度 n，比如二维平面。

第二步：在空间里生成足够多的网格，保证不接触的两个网格之间的点的距离大于 r，并且网格数量足够多保证每个网格至多只需装一个采样点就能满足采样数量。为了最优化，一般取网格边长为 $\dfrac{r}{\sqrt{n}}$。

第三步：随机生成一个点，再创建两个数组，第一个是处理数组，第二个是结果数组，即最终的输出数组。把这个点放进处理数组中和结果数组中。

第四步：如果处理数组非空，从中随机选择一个点，如图 4.6 中的红点，并把这个点从处理数组中删除。如果处理数组是空的，直接输出结果数组并结束算法。

第五步：设定最小距离 min$r$，比如 r，最大距离 max$r$，比如 $2r$。以红点为中心生成一个圆环，如图4.6中灰色圆环，在这个圆环中生成一个采样点，如图4.6中的浅蓝色点。

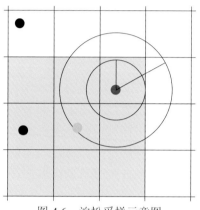

图 4.6　泊松采样示意图

第六步：检测这个蓝色点是否与其他点隔得太近，也就是距离小于 r，由于之前已经设定好了网格，这里只需要检查 9 个网格里的点。如图 4.6 中浅蓝色点周围的绿色网格。隔得太近的就取消这个蓝色点，否则就保留并放入处理数组和结果数组中。

第七步：设定好采样次数 k，比如 30。如果经过 k 次采样后，在圆环里仍然找不到可用的新点，那么就放弃这次采样。然后重复第三步。

基于上述步骤，完成对连接点文件的均质化处理，获取高配准精度和分布均匀的连接点。

4.2　基于并行计算的星载 SAR 影像匹配策略

为了保障全球海量数据的快速自动匹配任务，本节提出一种基于任务驱动的 SAR 影像多节点并行匹配策略，基于可扩展的多节点并行算法对全球覆盖的 SAR 影像数据实现快速匹配（张春玲 等，2006；肖汉 等，2001）。为了提高匹配效率，通过建立大区域数据的拓扑结构关系，基于 RPC 模型计算每个 SAR 影像的四角坐标，基于拓扑结构的几何交并计算，逐步建立大区域影像的区域拓扑关系，如图 4.7 所示。

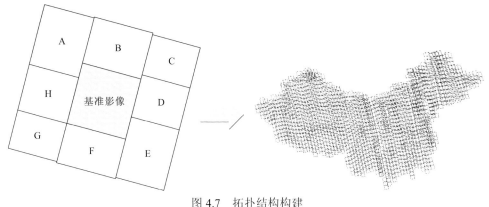

图 4.7　拓扑结构构建

　　建立影像间的相互拓扑关系后,可以计算获取要进行匹配的任务总数,然后根据每个计算节点的承载能力执行自适应任务分配。由于节点之间无法通信,通过选择策略来避免重复匹配,最终采用一种连接点可靠筛选方法来识别满足区域网平差处理且均匀分布在整个影像中的连接点文件,并行匹配策略如图 4.8 所示。

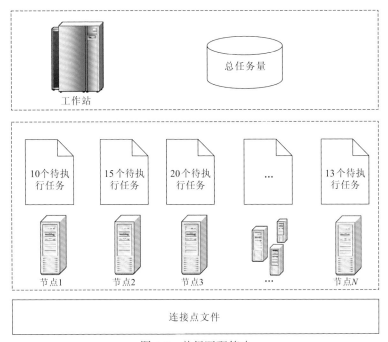

图 4.8　并行匹配策略

4.3　星载 SAR 影像匹配实验与分析

4.3.1　SAR 影像匹配实验验证

为了评估 SAR 影像匹配方法的准确性和效率，选择一组湖北区域的 GF-3 精细条带 2 模式的 10 m 分辨率 SAR 影像数据来完成算法的测试和实验验证。测试环境为一台 6 核 i7-10875 CPU、16 Gb 内存、GPU 为 NVIDIA GeForce RTX 2070 的便携式笔记本。

实验区域相关参数如表 4.1 所示。

表 4.1　实验区域相关参数

项目	说明
区域	湖北省
中心经纬度	30.7°N，114.0°E
成像模式	精细条带 2 模式
影像数	12
分辨率/m	10
像素大小/像素	32 188×22 120
成像时间	2018-11-09、2018-11-15、2018-11-21

基于提出的 SAR 影像匹配方法进行实验验证。利用 12 景 SAR 影像，可在 3.6 min 内提取大约 120 00 个可靠的连接点（图 4.9）。

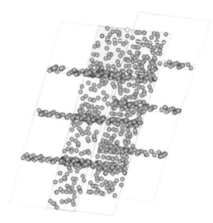

图 4.9　连接点分布图

粗匹配和精匹配的影像连接点分布比较情况如图 4.10 所示。

（a）粗匹配后的同名点

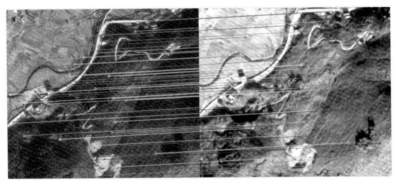

（b）精匹配后的同名点

图 4.10　粗匹配与精匹配影像匹配效果对比图

此外，图 4.11 显示了不同地形下连接点的局部细节图。统计该区域匹配连接点的均方根误差为 0.78 个像素。根据实验结果分析，在该系统环境下，SAR 影像的匹配效率为 18 s/景，连接点的中误差优于 1 个像素，可以满足后续大区域影像拼接的需求。

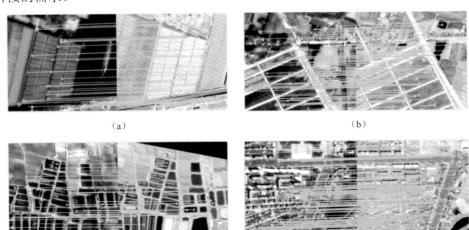

（a）　　　　　　　　　　　　　（b）

（c）　　　　　　　　　　　　　（d）

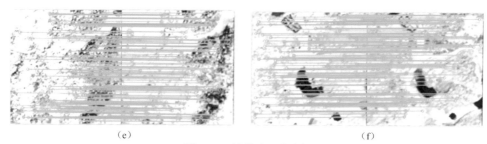

(e)   (f)

图 4.11   连接点局部图

（a）～（d）为地形平坦区域，（e）～（f）为山区

4.3.2   全球 SAR 影像匹配实验

针对全球覆盖的 GF-3 精细条带 2 模式的 SAR 影像数据匹配，采用多节点并行计算系统进行全球 SAR 影像数据的自动匹配，卫星影像参数如表 4.2 所示，影像覆盖范围如图 4.12 所示。

表 **4.2**   卫星影像数据说明

项目	说明
区域	全球陆地区域（亚欧大陆、非洲、大洋洲、南美洲、北美洲）
成像模式	精细条带 2 模式
影像数	19 837（亚欧大陆 8 581、非洲 3 911、大洋洲 1 293、南美洲 2 318、北美洲 3 734）
分辨率/m	10

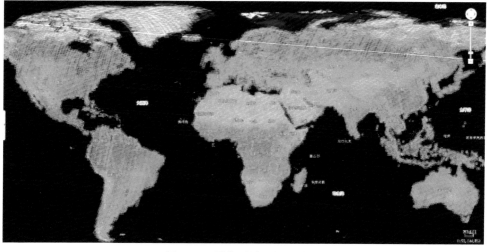

图 4.12   影像覆盖范围示意图

本章的多节点并行匹配的系统环境条件如表 4.3 所示。

表 4.3 多节点并行系统配置参数

设备	参数
中心存储服务器 1 台	硬盘 300 T
计算服务器 1 台	CPU：i9-10940X（3.3 GHz×28 核） 内存：64 G GPU：NVIDIA GeForce GT 701（32 G）
计算服务器 2 台	CPU：i7-10700K（3.8 GHz×16 核） 内存：32 G GPU：NVIDIA GeForce RTX 2060（16 G）
普通计算节点计算机 2 台	CPU：Intel（R）Xeon（R）CPU E5_2665 0 @（2.40 GHz×16 核） 内存：32.0 GB DDR3 GPU：NVIDIA Quadro P4000（16 G）
普通计算节点计算机 1 台	CPU：i7-6700K（4.4 GHz×8 核） 内存：32 G GPU：NVIDIA GeForce GTX 1080（8 G）
普通计算节点计算机 1 台	CPU：E5-2620 v4@（2.10 GHz×32 核） 内存：32 G GPU：NVIDIA GeForce RTX 2080 Ti（16 G）

基于上述系统环境，针对覆盖全球陆地的 5 个分区域 SAR 影像数据分别进行匹配实验，实验结果如表 4.4 所示。

表 4.4 全球 SAR 影像数据匹配结果

区域	影像数/景	连接点/万个
亚欧大陆	8 581	125
非洲	3 911	18.6
大洋洲	1 293	6.2
南美洲	2 318	11.0
北美洲	3 734	17.7

由表 4.4 可得，针对亚欧大陆 8 581 景影像，获取匹配点对约 125 万个；非洲区域 3 911 景影像，获取匹配点对约 18.6 万个；大洋洲区域 1 293 景影像，获取匹配点对约 6.2 万个；南美洲区域影像 2 318 景影像，获取匹配点对约 11.0 万个；北美洲区域 3 734 景影像，获取匹配点对 17.7 万个。图 4.13 为非洲、大洋洲、南美洲和北美洲的连接点示意图，图 4.14 为连接点局部区域示意图。

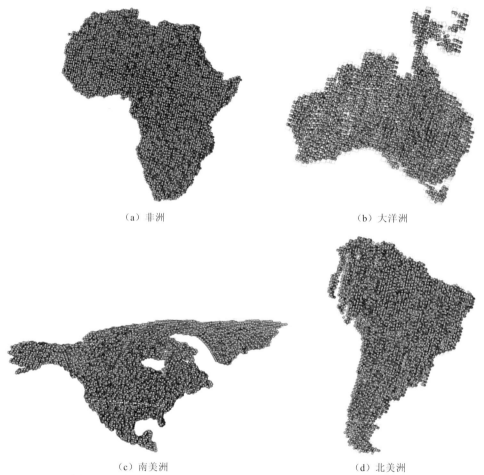

（a）非洲 　　　　　　　　　　　　　　　（b）大洋洲

（c）南美洲 　　　　　　　　　　　　　　（d）北美洲

图 4.13 　非洲、大洋洲、南美洲、北美洲 SAR 影像连接点分布图

图 4.15 分别给出不同地形下的单景和单对同名点的示意图，可以看出基于本章方法在不同地形条件下均可以获取可靠的同名点。

针对全球覆盖的星载 SAR 影像数据，基于本章方法自动获取的连接点结果，将在第 5 章中进行定量评价。

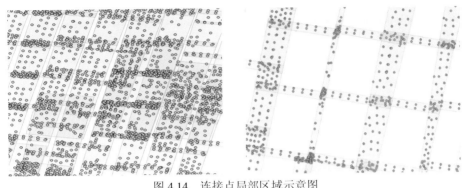

图 4.14　连接点局部区域示意图

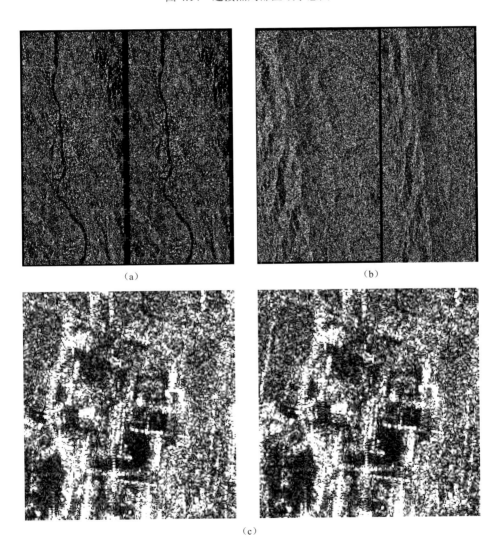

（a）

（b）

（c）

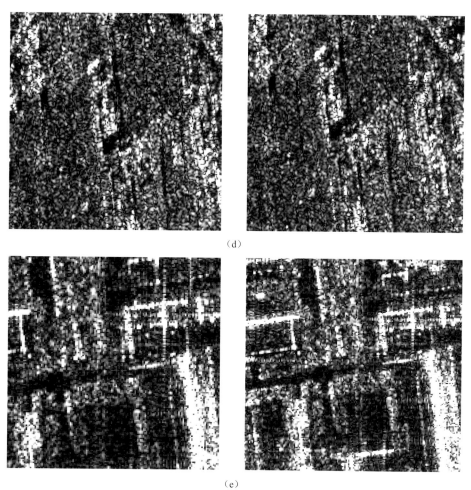

（d）

（e）

图 4.15　连接点同名点对示意图

（a）和（b）分别为城市区域和山区的连接点区域示意图；（c）、（d）和（e）为部分同名点点对

参 考 文 献

肖汉, 张祖勋, 2010. 基于 GPU 的并行匹配影像算法. 测绘学报, 39(1): 47-49.

叶沅鑫, 单杰, 熊金鑫, 等, 2013. 一种结合 SIFT 和边缘信息的多源遥感影像匹配方法. 武汉大学学报(信息科学版), 38(13): 1148-1151.

张春玲, 邱振戈, 2006. 基于机群的并行匹配算法. 测绘科学, 31(6): 127-128, 136.

BALZ T, ZHANG L, LIAO M, 2013. Direct stereo radargammetric processing using massively parallel processing. ISPRS Journal of Photogrammetric and Remote Sensing, 79: 137-146.

CHEN F L, ZHANG H, WANG C, 2006. Automatic matching of tie-points with high-resolution SAR images. Journal of Image and Graphics, 11(9): 1276-1281.

DELLINGER F, GOUSSEAU J D, MICHEL Y J, et al., 2015. SAR-SIFT: A SIFT-like algorithm for SAR images. IEEE Transactions on Geoscience & Remote Sensing, 53(1): 453-466.

FISCHLER M A, BOLLES R C, 1981. Random sample consensus: A paradigm for model fitting with applications to image analysis and automated cartography. Communications of the ACM, 24(6): 381-395.

FISCHLER M A, ROBERT C B, 1987. Random sample consensus: A paradigm for model fitting with applications to image analysis and automated cartography. Readings in Computer Vision: 726-740.

FRASER C S, HANLEY H B, 2003. Bias compensation in rational functions for ikonos satellite imagery. Photogrammetric Engineering & Remote Sensing, 69(1): 53-57.

LOWE D, 2004. Distinctive image features from scale-invariant keypoints. International Journal of Computer Vision, 60: 91-110.

SCHWIND P, SURI S, REINARTZ P, et al., 2010. Applicability of the SIFT operator to geometric SAR image registration. International Journal of Remote Sensing, 31(8): 1959-1980.

第 5 章　星载 SAR 影像区域网平差

　　星载 SAR 影像的几何定标已经能够消除绝大部分系统误差，星载 SAR 影像的区域网平差主要是为了消除随机误差部分。一般针对星载 SAR 影像的区域网平差方法分两类：基于严密距离多普勒（range Doppler，RD）模型的区域网平差方法和基于有理多项式系数（RPC）模型的区域网平差方法。考虑星载 SAR 影像区域网平差的普适性，本章主要采用基于 RPC 模型的区域网平差方法。此外，大区域 SAR 影像之间几何交会条件较弱，采用直接交会的立体平差方式会引起高程求解异常，所以采用 DEM 辅助的平面区域网平差方法。针对大规模区域网平差求解未知数庞大的问题，采用稀疏存储的方式降低运算过程对计算机内存的要求，实现星载 SAR 影像大区域网平差的快速和稳定求解。

5.1　星载 SAR 影像通用几何定位模型

　　星载 SAR 的定位模型描述的是影像像点坐标与相应地面点坐标之间的数学关系，即给定一个影像点坐标（影像点对应的行列号），通过 SAR 影像的几何处理模型，可以求得该点对应的对面点坐标（通常为大地坐标）。RD 模型为星载 SAR 影像几何处理的严密几何模型，其广泛应用于星载 SAR 的几何处理之中。但是，由于每类星载 SAR 影像提供的辅助数据不同，需针对不同的星载 SAR 数据构建不同的模型，而 RPC 模型作为一种通用传感器几何模型能够较好地替代 RD 模型，正逐步应用于星载 SAR 数据的几何处理之中。第 3 章、第 4 章研究分析了星载 SAR 定位模型的误差来源和利用地面控制数据进行定标的方法，因此可以通过对星载 SAR 影像进行定标的方式消除部分系统定位误差，然后利用 RPC 模型对定标后的 RD 模型进行拟合，生成消除系统定位误差后的 RPC 模型，最终进行基于 RPC 模型的区域网平差处理，为正射纠正提供高精度的定向参数。

5.1.1　RPC 模型构建

　　RPC 模型是一种通用的卫星遥感影像的几何模型，是在充分利用卫星遥感影像附带的辅助参数基础上，根据构建的严格成像几何模型进行拟合而得到的广义传感器模型（张过，2005）。其目的是将地面点大地坐标 D（Latitude，Longitude，Height）与其对应的像点坐标 d（Line，Sample）用比值多项式的形式关联起来，并且为了增强参数求解的稳定性，还需要将地面点坐标和其对应的影像坐标正则化到−1 到 1 之间。

对于一个指定的影像，定义如下比值多项式（zhang et al.，2010）：

$$\begin{cases} X = \dfrac{\text{Num}_s(P,L,H)}{\text{Den}_s(P,L,H)} \\ Y = \dfrac{\text{Num}_L(P,L,H)}{\text{Den}_L(P,L,H)} \end{cases} \tag{5.1}$$

式中：$\text{Num}_s(P,L,H)$、$\text{Den}_s(P,L,H)$、$\text{Num}_L(P,L,H)$、$\text{Den}_L(P,L,H)$ 为一般多项式。$\text{Num}_s(P,L,H)$ 形式如下：

$$\begin{aligned} \text{Num}_s(P,L,H) &= a_1 + a_2L + a_3P + a_4H + a_5LP + a_6LH + a_7PH + a_8L^2 + a_9P^2 \\ &\quad + a_{10}H^2 + a_{11}PLH + a_{12}L^3 + a_{13}LP^2 + a_{14}LH^2 + a_{15}L^2P + a_{16}P^3 \\ &\quad + a_{17}PH^2 + a_{18}L^2H + a_{19}P^2H + a_{20}H^3 \end{aligned} \tag{5.2}$$

$\text{Den}_s(P,L,H)$、$\text{Num}_L(P,L,H)$、$\text{Den}_L(P,L,H)$ 形式与 $\text{Num}_s(P,L,H)$ 一样，将 $a_i(i=1,2,\cdots,20)$ 相应地换为 b_i、c_i、d_i 即可。

$$\begin{cases} P = \dfrac{\text{Latitude} - \text{LAT\_OFF}}{\text{LAT\_SCALE}} \\ L = \dfrac{\text{Longitude} - \text{LONG\_OFF}}{\text{LONG\_SCALE}} \\ H = \dfrac{\text{Height} - \text{HEIGHT\_OFF}}{\text{HEIGHT\_SCALE}} \end{cases} \tag{5.3}$$

$$\begin{cases} \text{Sample} = X \cdot \text{SAMP\_SCALE} + \text{SAMP\_OFF} \\ \text{Line} = Y \cdot \text{LINE\_SCALE} + \text{LINE\_OFF} \end{cases} \tag{5.4}$$

式中：LAT_OFF、LAT_SCALE、LONG_OFF、LONG_SCALE、HEIGHT_OFF、HEIGHT_SCALE 为地面坐标的正则化参数；SAMP_SCALE、SAMP_OFF、LINE_SCALE、LINE_OFF 为影像坐标的正则化参数。

在光学卫星影像的几何处理中，RPC 模型已经被普遍接受，认为其能够替代严密几何模型用于光学卫星影像的几何处理。与光学卫星影像的几何定位精度相比，SAR 的几何定位精度（使用距离多普勒定位模型）与姿态无关。因此，理论上相比受姿态扰动等因素影响较大的光学卫星影像，RPC 模型会更加适用于星载 SAR 影像，在星载 SAR 影像的几何处理方面发挥更大的优势。RPC 模型在星载 SAR 几何处理中的应用已经引起国内外学者的兴趣。Dowman 等（2000）曾经利用 Radarsat-1 的精轨模式得到了初步结果，但没有描述详细的实验条件（包括实验区位置、实验区域的地形、制图精度、所采用的 RPC 模型的形式和具体的解法）。张过等（2007）采用无初值的最小二乘解法，对 ERS-1 数据做过解算其 RPC 模型参数的实验。Radarsat-2 作为成熟的商业卫星，首次在 SAR 影像的单视复型（single look complex，SLC）产品中提供三维的 RPC 模型和 80 个 RPC 模型参数。在 TerraSAR-X 和 COSMO-SkyMed 卫星发射升空后，张过（2005）采用这两种数据，阐述了 RPC 模型如何用于 SAR 影像的几何处理。

Cheng 等（2010）针对 Radarsat-2 的超精细模式下的 SLC 数据，对无控制点的 RPC 模型和 Toutin 模型的几何处理精度进行了详细的比较研究；之后 Toutin 等（2010）又采用同样的数据，用带地面控制点的 RPC 模型进行 DEM 的生成，将结果与利用 Toutin 模型得到的结果进行了比较。在评价多颗卫星影像正射纠正几何精度时，由于每类星载 SAR 影像提供的辅助数据不同，如果选取 RD 模型作为几何处理模型，需针对不同的星载 SAR 数据构建不同的几何处理模型，这无疑不利于规模化的处理。RPC 模型可以很好地克服这一不足，RPC 模型是对 RD 模型的高精度拟合，因此本章选取 RPC 模型作为几何处理模型。

5.1.2 RPC 模型求解

RPC 模型参数求解有与地形无关和与地形相关的两种求解方式。在严密几何模型已知的情况下，采用与地形无关的求解方式，否则采用与地形相关的求解方式，该方式需要给定一定数目的控制点。

当严密几何模型参数已知，用严密几何模型建立地面点的立体空间格网和影像面之间的对应关系作为控制点来求解 RPC 参数，该方法求解 RPC 参数而不需要详细的地面控制信息仅仅需要该影像覆盖地区的最大高程和最小高程，因此称之为与地形无关的方法。

RPC 求解流程如图 5.1 所示，包含如下步骤。

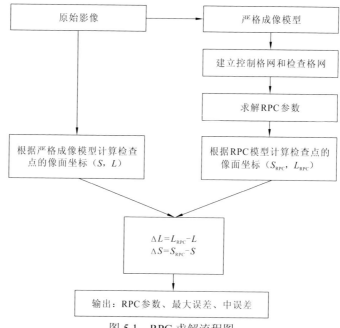

图 5.1　RPC 求解流程图

1. 虚拟控制格网构建

由严密几何模型的正变换，计算影像的 4 个角点对应的地面范围；根据美国地质调查局提供的全球 1 km 分辨率 DEM，计算该地区的最大最小椭球高。然后，在高程方向以一定的间隔分层，在平面上，以一定的格网大小建立地面规则格网（如平面分为 15×15 格网，就是将该影像对应影像范围分成 15×15 的格子，共有 16×16 个格网点），生成控制点地面坐标，最后利用严密几何模型的反变换，计算控制点的影像坐标。为了防止设计矩阵状态恶化，一般高程方向分层的层数超过 2，如图 5.2 所示。

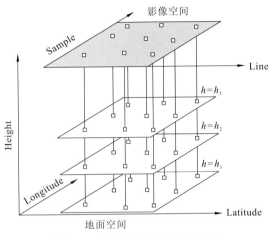

图 5.2　虚拟格网控制点分布图

加密控制格网和层，建立独立检查点。然后利用控制点坐标用式（5.5）、式（5.6）计算影像坐标和地面坐标的正则化参数，由式（5.3）和式（5.4）将控制点和检查点坐标正则化。

$$\begin{cases} \text{LAT\_OFF} = \dfrac{\sum \text{Latitude}}{n} \\[2mm] \text{LONG\_OFF} = \dfrac{\sum \text{Longitude}}{n} \\[2mm] \text{HEIGHT\_OFF} = \dfrac{\sum \text{Height}}{n} \\[2mm] \text{LINE\_OFF} = \dfrac{\sum \text{Line}}{n} \\[2mm] \text{SAMP\_OFF} = \dfrac{\sum \text{Sample}}{n} \end{cases} \tag{5.5}$$

式中

$$\begin{cases} \text{LAT\_SCALE} = \max(|\,\text{Latitude}_{\max} - \text{LAT\_OFF}\,|,|\,\text{Latitude}_{\min} - \text{LAT\_OFF}\,|) \\ \text{LONG\_SCALE} = \max(|\,\text{Longitude}_{\max} - \text{LONG\_OFF}\,|,|\,\text{Longitude}_{\min} - \text{LONG\_OFF}\,|) \\ \text{HEIGHT\_SCALE} = \max(|\,\text{Height}_{\max} - \text{HEIGHT\_OFF}\,|,|\,\text{Height}_{\min} - \text{HEIGHT\_OFF}\,|) \\ \text{LINE\_SCALE} = \max(|\,\text{Line}_{\max} - \text{LINE\_OFF}\,|,|\,\text{Line}_{\min} - \text{LINE\_OFF}\,|) \\ \text{SAMP\_SCALE} = \max(|\,\text{Sample}_{\max} - \text{SAMP\_OFF}\,|,|\,\text{Sample}_{\min} - \text{SAMP\_OFF}\,|) \end{cases}$$

（5.6）

2. RPC 参数求解

将式（5.2）变形为

$$\begin{cases} F_X = \text{Num}_s(P,L,H) - X \cdot \text{Den}_s(P,L,H) = 0 \\ F_Y = \text{Num}_L(P,L,H) - Y \cdot \text{Den}_L(P,L,H) = 0 \end{cases}$$

（5.7）

则误差方程为

$$V = Bx - l, \ W$$

（5.8）

式中

$$B = \begin{bmatrix} \dfrac{\partial F_X}{\partial a_i} & \dfrac{\partial F_X}{\partial b_j} & \dfrac{\partial F_X}{\partial c_i} & \dfrac{\partial F_X}{\partial d_j} \\[2mm] \dfrac{\partial F_Y}{\partial a_i} & \dfrac{\partial F_Y}{\partial b_j} & \dfrac{\partial F_Y}{\partial c_i} & \dfrac{\partial F_Y}{\partial d_j} \end{bmatrix}, \quad i = 1, 20, \quad j = 2, 20$$

$$l = \begin{bmatrix} -F_X^0 \\ -F_Y^0 \end{bmatrix}$$

$$x = \begin{bmatrix} a_i & b_j & c_i & d_j \end{bmatrix}^{\mathrm{T}}$$

W 为权矩阵。

根据最小二乘平差原理，可以求得

$$x = (B^{\mathrm{T}}B)^{-1}B^{\mathrm{T}}l$$

（5.9）

经过变形的 RPC 模型形式，平差的误差方程为线性模型，因此在求解 RPC 参数过程中不需要初值。

当用于解算 RPC 参数的控制点非均匀分布或模型过度参数化时，RPC 模型中分母的变化非常剧烈，这样就导致设计矩阵（$B^{\mathrm{T}}B$）的状态变差，设计矩阵变为奇异矩阵，使最小二乘平差不能收敛。为了克服最小二乘估计的缺点，可用岭估计的方式获得有偏的符合精度要求的计算结果。所谓岭估计，就是对法方程进行必要的处理，使法方程的状态变好，常用的处理方式为

$$B^{\mathrm{T}}B + = kI$$

（5.10）

式中：k 为某个正实数；I 为单位矩阵。

在某个 k 之下，通过岭估计求出的均方差，要比最小二乘求出的均方差小。

运用岭估计进行 k 估计的时候，其核心问题在于最优 k 值的选取。但是最优

k 值的选取在理论上没有解决，一般用岭迹分析的方法来确定最优 k 值。就是取大量的 k 值进行计算，根据不同 k 值对应的检查点的中误差采取合适的搜索算法来确定合适的 k 值。

5.2　星载 SAR 影像区域网平差原理

基于 RPC 的区域网平差方法能够有效消除影像间的相对误差，保障接边精度，同时在有外部控制点的情况下将控制点引入区域网中进行平差，可以提升平差后影像的整体定位精度。影像在进行平差时如果影像本身不具备立体观测条件，使用传统的平差方法在进行前方交会获取地面点坐标的时候可能发生高程解算不收敛的问题，影响平差的精度。利用 DEM 进行约束的无控制点的区域网平差方法能够在不依赖地面控制点的情况下，仅仅利用 DEM 提供的高程信息对平差过程进行约束，该方法能有效提升平差后影像的平面定位精度，同时避免传统立体区域网平差方法所带来的高程解算迭代过程不收敛的问题。本节将主要介绍利用 SRTM 公开参考 DEM 作为约束手段，从而进行无控制点区域网平差的基本内容。

5.2.1　基于 RPC 模型的星载 SAR 影像区域网平差

RPC 模型是利用有理多项式建立影像的像方坐标（影像像素坐标）与其对应的物方坐标（地面大地坐标）之间的数学映射关系，因其参数不具备任何具体的物理意义，在区域网平差过程中也就无法通过严密分析误差来源来改正模型误差，而是通过采用偏移补偿进行模型误差改正，目前主要包括物方补偿和像方补偿两种补偿策略。

基于物方的补偿模型是构建一个物方坐标点的多项式模型，针对 RPC 计算的地面点坐标采用该多项式模型进行补偿。该模型平差过程中将立体模型作为平差单元，以模型的物方坐标作为观测值，计算获取各个模型单元的系统误差的补偿参数。由于模型的物方坐标并不是严格意义上的观测值，基于物方补偿的 RPC 区域网平差在理论上并不严密。

基于像方的补偿模型是建立一个影像像方坐标点的多项式模型，通过该多项式模型针对 RPC 计算获得的像点坐标进行补充。该模型平差过程中将单景影像作为平差单元，观测值为影像像点坐标，计算求解各影像系统误差的补偿参数。其误差方程是在基于共线方程光束法区域网平差理论之上建立的。研究表明，基于像方补偿的 RPC 区域网平差可以很好地消除影像的系统误差。

采用像方补偿方案的多项式模型形式（也即基于 RPC 的平差模型）如下：

$$\begin{cases} \text{sample} = \Delta x + x + \varepsilon_S \\ \text{line} = \Delta y + y + \varepsilon_L \end{cases} \tag{5.11}$$

式中: (sample, line)为像点在影像上的归一化后量测坐标，可以是控制点或者连接点；ε_L 和 ε_S 为随机非观测误差；(x, y) 为有理函数模型计算之像方坐标，其形式为

$$\begin{cases} x = \dfrac{\mathrm{Num}_s(P,L,H)}{\mathrm{Den}_s(P,L,H)} \\ y = \dfrac{\mathrm{Num}_l(P,L,H)}{\mathrm{Den}_l(P,L,H)} \end{cases} \tag{5.12}$$

式（5.11）中: $(\Delta x, \Delta y)$ 为 RPC 计算的像方坐标的补偿多项式模型，其形式为

$$\begin{cases} \Delta x = a_0 + a_1 \cdot \mathrm{sample} + a_2 \cdot \mathrm{line} + a_3 \cdot \mathrm{sample}^2 + a_4 \cdot \mathrm{line}^2 + \cdots \\ \Delta y = b_0 + b_1 \cdot \mathrm{sample} + b_2 \cdot \mathrm{line} + b_3 \cdot \mathrm{sample}^2 + b_4 \cdot \mathrm{line}^2 + \cdots \end{cases} \tag{5.13}$$

式中: $a_0, a_1, a_2, \cdots$ 和 $b_0, b_1, b_2, \cdots$ 为系统误差的补偿参数。

当系统误差补偿多项式 $(\Delta x, \Delta y)$ 仅取一次项时，即为像方仿射变换模型：

$$\begin{cases} \Delta x = a_0 + a_1 \cdot \mathrm{sample} + a_2 \cdot \mathrm{line} \\ \Delta y = b_0 + b_1 \cdot \mathrm{sample} + b_2 \cdot \mathrm{line} \end{cases} \tag{5.14}$$

由方向根据式（5.14）可知，仿射变换参数 a_0 将吸收影像垂轨方向上轨道和姿态误差所造成的影像列上的误差，仿射变换参数 b_0 将吸收影像沿轨方向上轨道和姿态误差所造成的影像行方向上的误差。由于 SAR 卫星的沿轨飞行方向对应于影像行方向，影像行与成像时间相关，仿射变换参数 b_1 和 a_2 可吸收并补偿卫星轨道和姿态测量系统漂移所引起的影像误差，而参数 a_1 和 b_2 则可以吸收并补偿内方位元素参数误差所造成的影像误差。一般情况下，a_2 和 b_2 的值均非常小，通常用于影像长度大于 100 km 的情况。

根据基于 RPC 的区域网平差模型式（5.11）和像方仿射变换模型式（5.14），可建立基于像方仿射变换区域网平差的误差方程如下：

$$\begin{cases} F_x = \mathrm{sample} + a_0 + a_1 \cdot \mathrm{sample} + a_2 \cdot \mathrm{line} - x = 0 \\ F_y = \mathrm{line} + b_0 + b_1 \cdot \mathrm{sample} + b_2 \cdot \mathrm{line} - y = 0 \end{cases} \tag{5.15}$$

式中: $a_0, a_1, a_2, b_0, b_1, b_2$ 为仿射变换参数。

在该误差方程中一共包含有两类未知数：一类是影像像方的仿射变换参数改正数；一类是连接点对应的物方坐标的改正值。针对控制点而言，误差方程中需要改正的是仿射变换参数，而对于连接点而言，误差方程中需要同时改正仿射变换参数和其相应的物方坐标 $(\mathrm{lat}, \mathrm{lon}, h)$。

则可得误差方程的矩阵形式如下：

$$V = AX + BY - L, P \tag{5.16}$$

式中

V 为像点行和列坐标观测值的残差向量：

$$V = \begin{bmatrix} v_x & v_y \end{bmatrix}^{\mathrm{T}}$$

X 为像方坐标系统误差补偿参数（即 6 个仿射变换参数）的改正数向量：

$$X = \begin{bmatrix} \Delta a_0 & \Delta a_1 & \Delta a_2 & \Delta b_0 & \Delta b_1 & \Delta b_2 \end{bmatrix}^{\mathrm{T}}$$

Y 为连接点对应地面坐标的改正数向量：

$$Y = \begin{bmatrix} \Delta \mathrm{lat} & \Delta \mathrm{lon} & \Delta h \end{bmatrix}^{\mathrm{T}}$$

A 为未知数 X 的系数矩阵：

$$A = \begin{bmatrix} 1 & \mathrm{sample} & \mathrm{line} & 0 & 0 & 0 \\ 0 & 0 & 0 & 1 & \mathrm{sample} & \mathrm{line} \end{bmatrix}$$

B 为未知数 Y 的系数矩阵：

$$B = \begin{bmatrix} \dfrac{\partial x}{\partial \mathrm{lat}} & \dfrac{\partial x}{\partial \mathrm{lon}} & \dfrac{\partial x}{\partial h} \\ \dfrac{\partial y}{\partial \mathrm{lat}} & \dfrac{\partial y}{\partial \mathrm{lon}} & \dfrac{\partial y}{\partial h} \end{bmatrix}$$

L 为常数项，利用初值代入式（5.16）计算得

$$L = \begin{bmatrix} -F_{x0} \\ -F_{y0} \end{bmatrix}$$

P 为权矩阵。

按照式（5.15）可以为每一个像点建立两个误差方程，当量测的像点足够多时，基于最小二乘平差原理可以构建方程如下：

$$\begin{bmatrix} A^{\mathrm{T}}PA & A^{\mathrm{T}}PB \\ B^{\mathrm{T}}PA & B^{\mathrm{T}}PB \end{bmatrix} \begin{bmatrix} X \\ Y \end{bmatrix} = \begin{bmatrix} A^{\mathrm{T}}PL \\ B^{\mathrm{T}}PL \end{bmatrix} \tag{5.17}$$

对式（5.16）可以采用光束法区域网平差中大规模法方程解算策略进行求解。

5.2.2　基于 DEM 约束的星载 SAR 影像区域网平差

在 5.2.1 小节所描述的传统的区域网平差中，未知数包括影像像方的仿射变换参数改正数，以及连接点对应的物方坐标的改正值。在平差解算过程中，连接点对应的物方坐标的初始值和改正值均是通过不同立体像对前方交会获得的空间坐标求平均的结果，显然这些物方坐标的精度由参与平差影像的原始精度决定。当参与平差影像精度较低（含有不同程度的系统误差），且区域网中不同区域的影像精度不一致时，将导致各连接点对应的物方坐标都残存有不同量级的误差，而最终的平差结果相当于对所有连接点物方坐标误差进行了一次平均。因此不使用控制点的自由网平差是对所有参与平差影像的误差进行了一次平均，并不能够显著提升影像的平面和高程定位精度。

在基于星载 SAR 卫星影像的测绘应用中，常常需要利用卫星正视影像作为数

据源开展高精度几何处理及后续测绘产品生产，如基于卫星影像的正射影像产品生产中，通常选用对地倾角最小的垂直正视的影像作为数据源。为了保障影像的最终绝对定向精度及相邻影像之间的接边精度，采用区域网平差方法实现正视影像的高精度定向是业务化生产中的首选方案。卫星正视影像之间的交会角一般非常小（小于 10°），可称为弱交会条件。经典的区域网平差模型适用于影像之间交会角较大情况下的平差解算，在弱交会条件下，如果直接采用经典区域网平差方法，将会导致连接点处高程求解异常、平差结果不收敛等问题。为解决此问题，本小节设计弱交会条件下的 SRTM 辅助的区域网平差方法。

2000 年 2 月由美国国家图像与测绘局（The National Imagery and Mapping Agency，NIMA）和美国国家航空航天局共同主持，德国航天航空中心和意大利太空局参与，开展了"航天飞机雷达地形测绘（SRTM）"计划，并于 2000 年 2 月 11 日发射搭载 6 cm C 波段航天图像雷达（SIR-C）和 3 cm X 波段合成孔径雷达（X-SAR）的"奋进"号航天飞机开展全球地形信息获取。通过历时 222 小时 23 分的数据采集工作，获取了覆盖北纬 60°至南纬 56°、占全球陆地表面总面积 80%以上的雷达影像数据，在经过两年多时间的数据处理工作后制作形成了规则格网的数字高程模型产品。由于"奋进"号航天飞机携带了两种不同波长雷达，SRTM 的 DEM 产品也相应地拥有两种分辨率，即 3″×3″的 90 m 分辨率的 SRTM3 和 1″×1″ 的 30 m 分辨率的 SRTM1。全球范围的 SRTM3 数据于 2003 年解密并提供公开免费下载，经过多次修订后目前最新的版本为 V4.1 版本。而北美和欧洲部分区域可以免费下载 30 m 分辨率的 SRTM1。SRTM 数据集是目前公开的全球范围最高精度的规则格网地形数据之一，也是目前应用最为广泛的公开免费数字高程数据，如 Google Earth 所使用高程数据即为 SRTM。本章的研究工作中主要采用 SRTM3 数据作为无控制区域网平差的参考 DEM，为了便于后文描述，在无特殊说明的情况下，书中 SRTM 指的是 SRTM3 数据。

SRTM 的高程基准采用 EGM96（Earth Gravitational Model 96）水准面，高程坐标单位为米；平面基准采用 WGS84 大地基准、平面坐标采用经纬度。SRTM 标称的绝对高程精度为 16 m（LE90）、相对高程精度为 10 m（LE90）、绝对平面精度为 20 m（CE90）、相对平面精度为 15 m（CE90）。LE90 和 CE90 是美国摄影测量界常用的高程和平面精度表示方法，表示 90%（1.64 倍中误差）的高程和平面误差不超过精度数值。将其换算为我国常用的误差形式表达的几何精度，则 SRTM 标称的绝对高程精度为 10 m（1σ）、相对高程精度为 6 m（1σ）、绝对平面精度为 12 m（1σ）、相对平面精度为 9 m（1σ）。国内外众多机构和学者已经对全球范围 SRTM 数据精度开展了广泛的研究和验证，结果表明：SRTM 的高程精度与地形类型存在较强的相关性，在高程较小的平坦地区其高程精度较高，中误差甚至可以达到 2～6 m，而在山地高山地或高程起伏较大区域的精度相对较差，但也至少优于其标称精度。

鉴于 SRTM 数据免费获取、数据覆盖范围广阔，以及在平坦地区高程精度较高（甚至达到了我国 1∶50 000 比例尺测绘地理信息产品高程精度标准）等特点，本小节采用 SRTM 数据作为参考高程数据，基于上节描述的高程约束的无地面控制立体区域网平差方法，开展 GF-3 卫星影像的区域网平差以提升其高程精度。针对 SRTM 数据在平坦地形区域精度优于起伏地形区域的特点，将区域网覆盖范围概略地划分为平坦地形区域和起伏地形区域。区域网覆盖范围地形类型的划分，可以基于 SRTM 的显示效果采用人工目视方法划分，也可以参照我国测绘相关国家标准中地形类型划分原则，即按图幅范围内大部分的地面倾斜角和高差划分不同地形类型，通过将区域网覆盖范围按一定规则划分成若干图幅，利用 SRTM 计算各图幅的地面倾斜角和高差，并按表 5.1 的划分标准确定各图幅的地形类型。

表 5.1　区域网覆盖范围地形类别划分标准

地形类别	地面倾斜角/(°)	高差/m
平坦地形	≤6	≤150
起伏地形	>6	>150

注：当高差与地面倾斜角矛盾时，以地面倾斜角为准

与此相对应，所有连接点也被分成了两类，即位于平坦地形的连接点和位于起伏地形的连接点。在为连接点物方高程坐标设置权时，可根据 SRTM 数据在这两种地形区域的高程精度经验值（一般可认为地形平坦区域 SRTM 高程中误差 $\sigma_{\text{SRTM-plan}}$ 为 3～6 m，地形起伏区域高程中误差 $\sigma_{\text{SRTM-hill}}$ 为 10 m），采用式（5.9）分别为位于平坦地形区域和位于起伏地形区域的连接点物方高程坐标设置不同的权重值。

在平差解算过程中每次迭代后位于平坦地形区域的连接点物方高程改正值 $h_{\text{plan\_corr}}$ 应符合下式要求：

$$h_{\text{init}} - \sigma_{\text{SRTM\_plan}} \leqslant h_{\text{plan\_corr}} \leqslant h_{\text{init}} + \sigma_{\text{SRTM\_plan}} \tag{5.18}$$

位于起伏地形区域的连接点物方高程改正值 $h_{\text{hill\_corr}}$ 应符合下式要求：

$$h_{\text{init}} - \sigma_{\text{SRTM\_hill}} \leqslant h_{\text{hill\_corr}} \leqslant h_{\text{init}} + \sigma_{\text{SRTM\_hill}} \tag{5.19}$$

5.2.1 小节描述的经典的基于 RPC 的区域网平差方法，是基于光束法平差的原理来对连接点的物方三维坐标进行改正的，其原理与立体像对空间前方交会是相同的。由于弱交会条件下影像之间的交会角很小，此时仍然通过前方交会获取连接点的物方三维坐标，并在平差过程中对其进行改正，将不可避免地造成连接点高程误差放大，进而影响整体平差精度。而 SRTM 辅助的无地面控制平面区域网平差是在平差过程中仅计算能保证精度的连接点物方平面坐标和卫星影像定向参数的一种区域网平差方式，连接点物方高程值则通过 SRTM 来获取，以确保连

接点物方高程值的精度，进而保障平差解算的稳定性及平差后的平面精度。

SRTM 辅助的无地面控制平面区域网平差采用和 5.2.1 小节介绍的经典的基于 RPC 的区域网平差类似方案，利用像方仿射变换模型来补偿影像的系统误差。对误差方程式（5.11）和式（5.14）进行适应性改进，将像方的仿射变换参数 $(a_0,a_1,a_2,b_0,b_1,b_2)$ 和连接点物方平面坐标 (lon,lat) 作为未知数一并求解，则可得误差方程的矩阵形式如下：

$$V = AX + BY - L, P \qquad (5.20)$$

式中

V 为像点行和列坐标观测值的残差向量：

$$V = [v_x \quad v_y]^{\mathrm{T}}$$

X 为像方坐标系统误差补偿参数（即 6 个仿射变换参数）的改正数向量：

$$X = [\Delta a_0 \quad \Delta a_1 \quad \Delta a_2 \quad \Delta b_0 \quad \Delta b_1 \quad \Delta b_2]^{\mathrm{T}}$$

Y 为连接点对应地面坐标的改正数向量：

$$Y = \begin{bmatrix} \Delta \text{lat} & \Delta \text{lon} & \Delta h \end{bmatrix}^{\mathrm{T}}$$

A 为未知数 X 的系数矩阵：

$$A = \begin{bmatrix} 1 & \text{sample} & \text{line} & 0 & 0 & 0 \\ 0 & 0 & 0 & 1 & \text{sample} & \text{line} \end{bmatrix}$$

B 为未知数 Y 的系数矩阵：

$$B = \begin{bmatrix} \dfrac{\partial x}{\partial \text{lat}} & \dfrac{\partial x}{\partial \text{lon}} \\ \dfrac{\partial y}{\partial \text{lat}} & \dfrac{\partial y}{\partial \text{lon}} \end{bmatrix}$$

L 为常数项，利用初值代入式（5.16）计算得

$$L = \begin{bmatrix} -F_{x0} \\ -F_{y0} \end{bmatrix}$$

P 为权矩阵。

从式（5.20）中可以看出，平差过程中仅对影像仿射变换参数和连接点的物方平面坐标进行了改正，而并没有求解连接点的物方高程值。在每次平差解算中均是利用 SRTM 高程数据为连接点内插出地面高程值，并将其与连接点的物方平面坐标一起代入下一次平差迭代解算，直至平差结果收敛，平差结束，如图 5.3 所示。

在利用 SRTM 计算连接点的物方高程过程中，根据连接点所在某一景影像的 RPC 参数和像方坐标，就可以通过 SRTM 获取一个高程值，而一个连接点同时分布于多景影像之上，可以获取多个物方高程值，本节将取这些物方高程的均值作为连接点的物方高程。

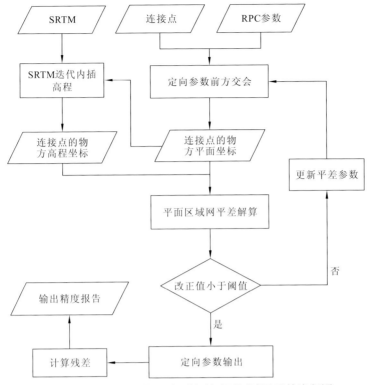

图 5.3　SRTM 辅助的无地面控制平面区域网平差流程图

5.2.3　大规模区域网平差快速求解策略

区域网平差目的是恢复影像拍摄时的内外方位元素（也称为影像定向参数），得到影像的像点与地面点之间的坐标对应关系。基于共线条件方程，能够对所有像点坐标观测值列出误差方程，然后进行误差方程的法化得到法方程，最终求解定向参数改正数。通过迭代求解，每次求解定向参数改正数并更新地面点坐标，直至满足预设的迭代终止条件。以上为求解区域网平差的主要流程，针对不同载荷影像几何处理模型及观测值，区域网平差的形式会有所变化，但本质上还是基于最小二乘法则进行误差合理配赋。

在区域网平差中，在建立完所有观测值的误差方程之后，误差方程的求解是其中的关键一步，观测值之间的相关性、过度参数化等原因导致的法方程条件数过多、法方程矩阵解算收敛速度降低甚至不收敛的问题是首先需要解决的。如何改善法方程矩阵的病态性，同时利用法方程的特殊结构，实现改正数的快速求解，是本小节的主要研究内容。

1. 误差方程法化及病态性改善

针对 5.2.2 小节中建立的误差方程，包括地面控制点的误差方程，以及连接点的误差方程。连接点交会角过小容易导致前方交会时高程迭代异常，因此其高程值来源于 DEM 上读取的高程，去掉了误差方程中高程相关项为 0 的项。

将所有观测值的误差方程列成矩阵形式如下：

$$V = Bt + AX - l \tag{5.21}$$

其中

$$B = \begin{pmatrix} \dfrac{\partial F_x}{\partial a_1} & \dfrac{\partial F_x}{\partial a_2} & \dfrac{\partial F_x}{\partial a_3} & \dfrac{\partial F_x}{\partial b_1} & \dfrac{\partial F_x}{\partial b_2} & \dfrac{\partial F_x}{\partial b_3} \\ \dfrac{\partial F_y}{\partial a_1} & \dfrac{\partial F_y}{\partial a_2} & \dfrac{\partial F_y}{\partial a_3} & \dfrac{\partial F_y}{\partial b_1} & \dfrac{\partial F_y}{\partial b_2} & \dfrac{\partial F_y}{\partial b_3} \end{pmatrix}$$，为仿射变换改正数系数矩阵；

$t = [\Delta a_1 \quad \Delta a_2 \quad \Delta a_3 \quad \Delta b_1 \quad \Delta b_2 \quad \Delta b_3]^{\mathrm{T}}$，为仿射变换改正数；

$$A = \begin{pmatrix} \dfrac{\partial F_x}{\Delta D_{\mathrm{lat}}} & \dfrac{\partial F_x}{\Delta D_{\mathrm{lon}}} \\ \dfrac{\partial F_y}{\Delta D_{\mathrm{lat}}} & \dfrac{\partial F_y}{\Delta D_{\mathrm{lon}}} \end{pmatrix}$$，为地面点坐标改正数系数矩阵；

$X = [\Delta D_{\mathrm{lat}} \quad \Delta D_{\mathrm{lon}} \quad \Delta D_H]^{\mathrm{T}}$，为地面点改正数；

$l = \begin{pmatrix} -F_{x0} \\ -F_{y0} \end{pmatrix}$，为常数项；

$V = \begin{pmatrix} v_x \\ v_y \end{pmatrix}$，为观测值残差向量。

对于大区域的影像来说，每一景影像除相邻影像以外，与其他的影像之间没有重叠区域，在误差方程中表现为误差方程系数矩阵中相当大的一部分元素为 0，即为稀疏矩阵。因此，如果按照普通矩阵的存储方式，会使得 0 元素占据大部分存储空间，降低内存使用效率，同时也会使得矩阵运算在无谓的 0 向量乘积运算上耗费大量时间，降低计算效率。为了提升稀疏矩阵的运算效率，提升计算机内存空间利用效率，可以构造特殊的稀疏矩阵存储和运算方式，只存储和运算非 0 元素，跳过 0 元素相关的计算，能够大大提升效率，节约计算机内存空间（郑茂腾等，2017）。

将式（5.21）进行法化，得到法方程：

$$\begin{pmatrix} A^{\mathrm{T}}A & A^{\mathrm{T}}B \\ B^{\mathrm{T}}A & B^{\mathrm{T}}B \end{pmatrix} \begin{pmatrix} t \\ X \end{pmatrix} = \begin{pmatrix} A^{\mathrm{T}}l \\ B^{\mathrm{T}}l \end{pmatrix} \tag{5.22}$$

然而由于法方程系数矩阵通常具有奇异性，在求解时容易导致收敛异常，同时求解迭代次数过多，为了改善系数矩阵的条件数，一般需要加上外方位元素和地面改正数的阻尼系数（Wu et al.，2011）。

$$\begin{pmatrix} A^{\mathrm{T}}A + \lambda D_c & A^{\mathrm{T}}B \\ B^{\mathrm{T}}A & B^{\mathrm{T}}B + \lambda D_p \end{pmatrix} \begin{pmatrix} t \\ X \end{pmatrix} = \begin{pmatrix} A^{\mathrm{T}}l \\ B^{\mathrm{T}}l \end{pmatrix} \qquad （5.23）$$

式中：λD_c 和 λD_p 分别为对应外方位元素和地面点未知数的阻尼系数，一般为单位矩阵，该方法被称为岭估计法。通过在最小二乘求解的过程中在法方程对角线上加上一个常数的对角阵，可以降低整个法方程的条件数，能够实现法方程矩阵的稳定求解（张方仁 等，1989）。

在式（5.23）中，选择不同的 λ 值，将得到不同的未知参数估值。当岭参数为 0 的时候，此时不会对法方程产生影响，退化成基本的最小二乘估计。因为岭参数的选取会影响最终解算时方程的收敛情况，因此需要选取合适的值代入法方程。目前，常用的岭估计算法有：L-曲线法（王振杰 等，2004）、岭迹法（陈希孺 等，1987）、广义岭估计法（方开泰 等，1988）及经验公式法等。

2. 改化法方程

法化之后的法方程可以表示为如下的形式：

$$\begin{pmatrix} N & K \\ K^{\mathrm{T}} & M \end{pmatrix} \begin{pmatrix} t \\ X \end{pmatrix} = \begin{pmatrix} L1 \\ L2 \end{pmatrix} \qquad （5.24）$$

式中：N 矩阵为外方位元素改正数 t 的系数矩阵；M 为地面点坐标改正数 X 的系数矩阵；K 为协方差矩阵；$L1$ 和 $L2$ 分别为外方位元素和地面点坐标改正数的常数向量。当进行大规模卫星影像区域网平差时，整个区域内影像连接点数量常常到千万甚至上亿量级，使法方程矩阵规模巨大，如果对其直接求解，不论是内存开销还是运行效率都无法满足快速求解的需求。因此可以采用消元改化法方程的策略来进行平差解算。

从图 5.4 中可以看出，法方程的主要结构可以分为三个部分：首先是左上角外方位元素的系数矩阵，然后是右下方占据绝大多数空间的地面点坐标项，最后是两边对称分布的协方差矩阵，由于其形状为带状，也被称为带状矩阵，可以考虑利用法方程特有的稀疏结构进行优化求解。由于大规模区域网平差过程中，地面点的数量远远大于影像的数量，可以考虑消去地面点坐标 X，构建包含外方位元素改正数 t 的方程：

$$[N - KM^{-1}K^{\mathrm{T}}]t = L1 - KM^{-1}L2 \qquad （5.25）$$

这个步骤被称作法方程的改化，同时在计算机视觉领域中也被称作 Marginalization，或者 Schur 消元（Schur elimination），相比于直接对整个法方程矩阵求逆，其优势体现在以下两个方面。

（1）在消元的过程中，M 矩阵由对角的多个小方阵构成，因此对于 M^{-1} 的结果可以由对内部每个小方阵求逆后组合而成，这个过程可以并行化计算，能够大大节约内存及提升计算效率。

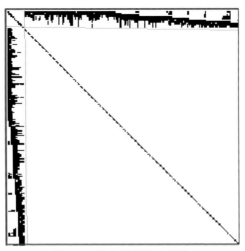

图 5.4　法方程的稀疏结构

（2）在求解了 t 后，地面点坐标的改正数 X 可由式（5.26）得到

$$X = M^{-1}(L2 - K^{\mathrm{T}}t)$$（5.26）

3. 法方程求解

由于法方程为对称正定矩阵，一般选择共轭梯度法进行法方程的求解。求解线性方程组除了共轭梯度法，还有梯度下降法和牛顿法，梯度下降法利用方程的一阶拟合获取每一步的最优解，牛顿方法则是利用二阶拟合的形式进行求解。相比于以上两种求解方法，共轭梯度法只使用一阶拟合力程，避免计算二阶导数信息，同时又能够克服梯度下降法的缺点，具有内存要求较低的优点。同时共轭梯度法每次迭代的收敛性较好，具有较高的稳定度，并且不需要输入额外的参数。因此共轭梯度法对解决大规模线性方程组的求解问题，特别是稀疏状态的方程组十分有效，非常适合大规模法方程矩阵求解。

对于给定的法方程组：

$$By = c$$（5.27）

式中：B 为系数矩阵；y 为未知数向量；c 为常数项向量，通过迭代求解的方式求解未知数向量 y。其主要思想是给定方程组的初始解 x^0，利用方程系数矩阵和常数项向量计算共轭梯度法的当前迭代的残差向量及方向向量，计算迭代解 x^1，重复迭代过程直至方向向量的模小于阈值终止迭代过程，此时得到方程式的最终解。

对于法方程来说，共轭梯度法的收敛次数与法方程的系数矩阵条件数相关，条件数越大则迭代次数越大。为了减少迭代次数，提高解算效率，可以在方程组两端左乘预条件矩阵改善方程的条件数。在区域网平差中，常用的预条件矩阵为块状的 Jacobi 预条件矩阵，其构造最为简单，同时拥有易于求解、效果稳定的优点，共轭梯度法求解法方程的具体流程如下。

求解给定法方程（5.24）的解可以转化为求解式（5.28）二次泛函的最小值：

$$\min f(x) = \frac{1}{2} \boldsymbol{x}^{\mathrm{T}} \boldsymbol{A} \boldsymbol{x} + \boldsymbol{b}^{\mathrm{T}} \boldsymbol{x} \tag{5.28}$$

式中：$\boldsymbol{A}$ 为对称正定矩阵；$\boldsymbol{b}$ 为常数项向量。

基本思想：结合共轭性和梯度下降法，利用每次迭代的梯度方向构造共轭方向，沿共轭方向进行线搜索，求出函数的最小值，重复迭代过程直至满足迭代终止条件。具体步骤如下。

第一步，取初始点 $x^{(0)}$，取第一次搜索方向为 $\boldsymbol{d}^{(0)} = -\nabla f(x^{(0)})$。

第二步，设已求得 $\boldsymbol{x}^{(k+1)}$，若 $\nabla f(\boldsymbol{x}^{(k+1)}) \neq 0$，令 $g(x) = \nabla f(\boldsymbol{x}^{(k+1)})$，则下一个搜索方向

$$\boldsymbol{d}^{(k+1)} = -\boldsymbol{g}_{k+1} + \beta_k \boldsymbol{d}^{(k)} \tag{5.29}$$

由于 $\boldsymbol{d}^{(k+1)}$ 与 $\boldsymbol{d}^{(k)}$ 关于 $\boldsymbol{A}$ 共轭，所以给式（5.29）两边同时乘以 $\boldsymbol{d}^{(k)\mathrm{T}} \boldsymbol{A}$，即

$$\boldsymbol{d}^{(k)\mathrm{T}} \boldsymbol{A} \boldsymbol{d}^{(k+1)} = -\boldsymbol{d}^{(k)\mathrm{T}} \boldsymbol{A} \boldsymbol{g}_{k+1} + \beta_k \boldsymbol{d}^{(k)\mathrm{T}} \boldsymbol{A} \boldsymbol{d}^{(k)} = 0 \tag{5.30}$$

解得：$\beta_k = \dfrac{\boldsymbol{d}^{(k)\mathrm{T}} \boldsymbol{A} \boldsymbol{g}_{k+1}}{\boldsymbol{d}^{(k)\mathrm{T}} \boldsymbol{A} \boldsymbol{d}^{(k)}}$。

第三步，搜索步长的确定，已知迭代点 $x^{(k)}$ 和搜索方向 $\boldsymbol{d}^{(k)}$，确定步长 λ_k，即

$$\min_{\lambda} f(\boldsymbol{x}^{(k)} + \lambda \boldsymbol{d}^{(k)}) \tag{5.31}$$

记 $\phi(\lambda) = f(\boldsymbol{x}^{(k)} + \lambda \boldsymbol{d}^{(k)})$，令 $\phi'(\lambda) = \nabla f(\boldsymbol{x}^{(k)} + \lambda \boldsymbol{d}^{(k)})^{\mathrm{T}} \boldsymbol{d}^{(k)} = 0$，即有

$$[A(\boldsymbol{x}^{(k)} + \lambda \boldsymbol{d}^{(k)}) + b]^{\mathrm{T}} \boldsymbol{d}^{(k)} = 0$$

令 $\boldsymbol{g}_k = \nabla f(\boldsymbol{x}^{(k)}) = \boldsymbol{A} \boldsymbol{x}^{(k)} + \boldsymbol{b}$，可得

$$[\boldsymbol{g}_k + \lambda \boldsymbol{A} \boldsymbol{d}^{(k)}]^{\mathrm{T}} \boldsymbol{d}^{(k)} = 0$$

解得：$\lambda_k = -\dfrac{\boldsymbol{g}_k^{\mathrm{T}} \boldsymbol{d}^{(k)}}{\boldsymbol{d}^{(k)\mathrm{T}} \boldsymbol{A} \boldsymbol{d}^{(k)}}$。

第四步，确定步长之后，带入判断是否收敛，如还未收敛，重复第二步和第三步，直至收敛。

5.2.4 基于选权迭代法的粗差剔除策略

在卫星影像区域网平差的过程中，为了保证平差之后的影像定位精度，需要根据先验知识和验后误差分配给不同观测值相应的权值。为了避免观测值中的粗差影响平差之后的影像定位精度，可以利用选权迭代法在每次平差迭代过程中更新各个观测值的权值，提高平差结果的可靠性。该方法首先需要确定各个观测值的先验权值，然后在平差迭代过程中通过设计权函数迭代计算更新权值，最终使得平差结果收敛之后，各影像的定位精度不受粗差影响，达到各类观测值的最合适值。在这个方法中，首先需要确定各个观测值的先验权值，可以根据平差前对

各个误差的先验知识进行设置。

首先针对各地面点类型观测值，先验权值 P_o 的确定如下。

（1）像点坐标观测值的精度为 σ_x mm，则权 $P_x = 1$；

（2）地面控制点坐标观测值的精度为 σ_c m，则权 $P_c = \sigma_c \cdot \dfrac{f}{H}$，$\dfrac{f}{H}$ 为摄影比例尺。

然后针对各多源影像数据类型，根据先验知识，由于 SAR 影像无控定位精度不受卫星姿态的影响，具有较高的平面定位精度，其像点所占权值应该能够体现其无控定位精度，在平差过程中产生更大的作用。由此，影像先验 P_m 确定为：影像的无控定向精度为 σ_w m，其分辨率为 d m，则权 $P_m = \dfrac{\sigma_w}{d}$，即各影像的权值实际由单位像素所具有的定位精度决定。

在确定影像数据的权 P_m 之后，则该影像上实际每个像点观测值的权值 $P_i = P_m \cdot P_o$，即每个像点观测值的权值 P_i 为其自身观测值先验权贡献 P_o 与其所在影像的影像类型权值贡献 P_m 的乘积。

通过上述方式确定各观测值初始权值，开始平差迭代过程，通过平差更新各观测值改正数。在每次迭代过程中，利用基于验后方差的选权迭代法对各个观测值的权值进行更新（李德仁 等，1992）。

首先将平差模型表示为

$$V = AX - L, P \tag{5.32}$$

将误差方程转换为法化的形式：

$$A^{\mathrm{T}} PAX = A^{\mathrm{T}} PL \tag{5.33}$$

此时所求未知数参数精度为

$$Q_{XX} = (A^{\mathrm{T}} PA)^{-1} \tag{5.34}$$

所有观测值的单位权中误差可以通过下面的公式计算得到

$$\sigma_0 = \sqrt{\frac{V^{\mathrm{T}} PV}{r}} \tag{5.35}$$

式中：r 为多余观测数，多余观测数等于所有观测值的数量减去必要观测值的数量。

设 $\hat{\sigma}_i$ 为第 i 类观测值的中误差，则有

$$P_i = \frac{\hat{\sigma}_0^2}{\hat{\sigma}_i^2}$$

式中

$$\hat{\sigma}_i^2 = \frac{V_i^{\mathrm{T}} V_i}{r_i} \tag{5.36}$$

$\hat{\sigma}_0^2$ 为所有观测值像方单位权方差的估值。要得到第 i 类观测值更新后的权值，可以通过该类观测值的多余观测分量 r_i 求解更新后的权值。

$$r_i = n_i - P_i \mathrm{tr}(A_i Q_{XX} A_i^{\mathrm{T}}) \tag{5.37}$$

式中：n_i 为 i 类观测值的观测量。

建立完各个观测值的多余观测值及其方差估计值之后，可以利用权函数对其中的粗差观测值进行定位。该方法主要基于 H_0 假设：

$$E(\hat{\sigma}_{i,j}^2) = E(\hat{\sigma}_i^2) \tag{5.38}$$

如果平差中观测值精度相同，建立统计量：

$$T_i = \frac{v_i^2}{\hat{\sigma}_0^2 q_{v_{ii}} p_i}, \quad i = 1, 2, 3, \cdots, n \tag{5.39}$$

利用统计量同多余观测量 r_i 的中心 F 分布进行比对，分为两种情况。

（1）计算得到的统计量 T_i 近似于 r_i 的中心 F 分布，其中该分布的自由度为 1，此时假设成立，表明观测值 $l_{i,j}$ 不含有粗差；

（2）如果得到的统计量 T_i 不近似于 r_i 的中心 F 分布，此时假设不被接受，那么观测值的方差可能含有粗差。此时利用下面的公式对观测值权值进行更新：

$$p_{i,j}^{(v+1)} = \begin{cases} 1, & T_{i,j} < F_{a,1,r_i} \\ \dfrac{\hat{\sigma}_0^2 r_i}{v_i^2}, & T_{i,j} \geq F_{a,1,r_i} \end{cases} \tag{5.40}$$

当平差系统中包含多组精度不同的观测值时，需要对每一组的任一观测量 $l_{i,j}$ 计算其方差的估计值 $\hat{\sigma}_{i,j}^2$ 及其多余观测分量 $r_{i,j}$：

$$\hat{\sigma}_{i,j}^2 = \frac{v_{i,j}^2}{r_{i,j}} \tag{5.41}$$

$$r_{i,j} = q_{v_{i,jj}} p_{i,j} \tag{5.42}$$

建立如下统计量：

$$T_{i,j} = \frac{\hat{\sigma}_{i,j}^2}{\hat{\sigma}_i^2} = \frac{v_{i,j}^2 p_i}{\hat{\sigma}_0^2 r_{i,j}} = \frac{v_{i,j}^2 p_i}{\hat{\sigma}_0^2 q_{v_{i,jj}} p_{i,j}} \tag{5.43}$$

式（5.43）中的 p_i 可理解为第 i 组观测值验后或验前权值。

利用统计量与 r_i 的中心 F 分布进行比对，分为两种情况。

（1）计算得到的统计量 $T_{i,j}$ 近似于 r_i 的中心 F 分布，其中该分布的自由度为 1，此时假设成立，表明观测值 $l_{i,j}$ 不含有粗差。

（2）如果得到的统计量 $T_{i,j}$ 不近似于 r_i 的中心 F 分布，此时假设不被接受，那么观测值的方差可能含有粗差。此时利用式（5.44）对观测值权值进行更新：

$$p_{i,j}^{(v+1)} = \begin{cases} p_i^{(v+1)} = \dfrac{\hat{\sigma}_0^2}{\hat{\sigma}_i^2}, & T_{i,j} < F_{a,1,r_i} \\ \dfrac{\hat{\sigma}_0^2 r_{i,j}}{v_{i,j}^2}, & T_{i,j} \geq F_{a,1,r_i} \end{cases} \tag{5.44}$$

通过验后方差及选权迭代的方式在每次平差解算后对各观测值的权值进行更新，然后重复平差迭代过程，通过这种方式能够避免较大粗差的观测值对平差结果带来太大的影响，同时也能够实现粗差观测值的精确定位，这套方法对于提高平差算法的稳健性具有很大的作用。

5.3 实验结果与分析

5.3.1 全国 GF-3 SAR 影像区域网平差实验

本实验共选取 1468 景 GF-3 卫星精细条带 2 模式影像，相邻影像重叠 10%以上，同轨影像重叠率均在 15%以上，覆盖了全国 95%以上的土地，包含山地、丘陵、平原和湖泊等各类地貌。所选取的影像覆盖图如图 5.5 所示。

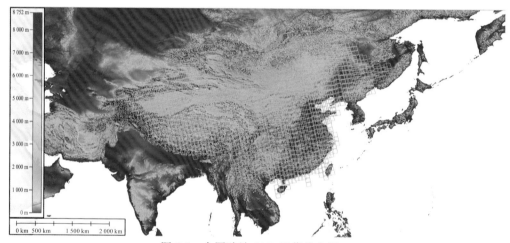

图 5.5 全国陆地 SAR 影像分布图

实验采用先几何定标再进行无控自由网平差的方案，匹配连接点 18 281 个，匹配时间 7 h 20 min。平差过程自动剔除粗差点，最终使用连接点 15 838 个，平差解算时间 6.87 s。经过平差计算后，连接点中误差优于 1 个像素，保证影像间良好的接边精度。通过叠加显示几何纠正后的影像接边，目视精度良好，其中部分影像接边情况如图 5.6 所示。

为精确验证平差后影像的定位精度，通过在高精度底图和 GF-3 正射影像选取同名点比对定位精度，如图 5.7 所示，可以看到检查点均匀分布在覆盖全国陆地区域的影像内。

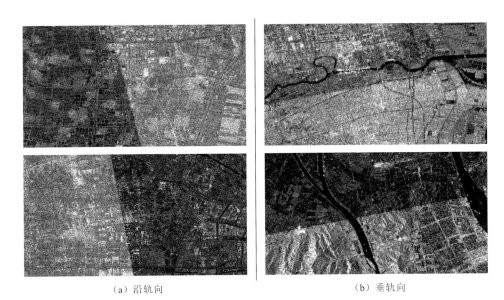

（a）沿轨向 （b）垂轨向

图 5.6 正射影像接边效果图

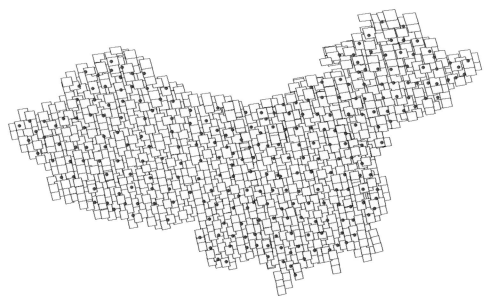

图 5.7 全国陆地区域检查点分布示意图

　　利用全国陆地区域范围内一共 273 个独立检查点，首先对几何定标前后的 GF-3 SAR 影像进行几何定位精度检查，得到的结果如表 5.2 所示。

表 5.2　区域网平差检查点结果

区域	类型	检查点/个	最大误差/m			中误差/m		
			x	y	平面	x	y	平面
全国	定标前	273	53.916	22.265	54.137	32.626	5.414	33.029
	定标后	273	−17.775	19.309	20.359	4.001	3.931	5.609

从上述结果中可以看出，定标前影像在距离向上具有明显的系统误差，而在定标后距离向上影像的定位精度从 32.626 m 提升至 4.001 m，改善了整体的定位精度。同时平面定位精度从定标前的 33.029 m 提升至 5.609 m，平面定位精度在定标后得到了明显的提升。

5.3.2　全球 GF-3 SAR 影像区域网平差实验

全球数据生产需要处理全球分布的所有遥感影像，全球按照地理区域划分可以分为欧亚大陆、大洋洲、北美洲、南美洲及非洲等区域（图 5.8），其中欧亚大陆横跨亚洲和欧洲，邻接太平洋及大西洋。本小节以 5 个大洲分布的 SAR 影像作为数据源，通过对影像进行无地面控制点的区域网平差，消除其相邻影像之间的相对误差，为后续的正射纠正等处理工作提供较好的定位精度。

使用 5.2 节描述的平差方法，通过分区域建立大规模的稀疏矩阵减少存储空间要求，同时使用系数矩阵的快速求解方法进行求解。区域影像平差结果如表 5.3 所示。

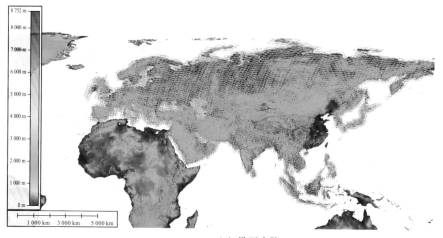

（a）欧亚大陆

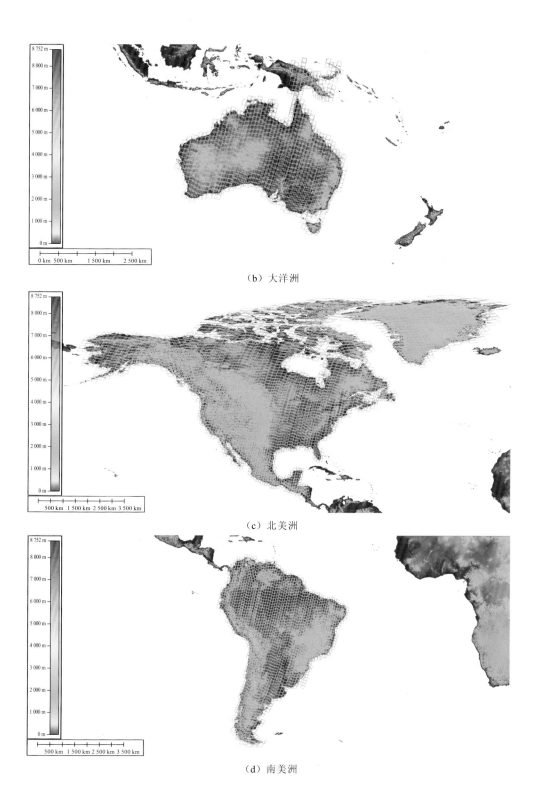

（b）大洋洲

（c）北美洲

（d）南美洲

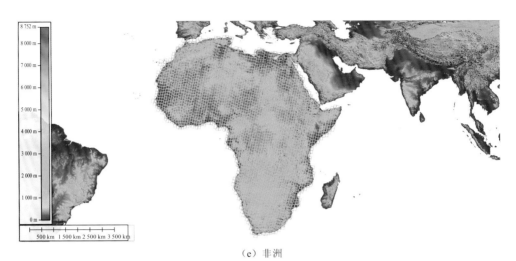

（e）非洲

图 5.8　全球多区域 SAR 影像分布图

表 5.3　区域影像平差结果

区域	影像数/景	连接点/万个	最大误差/像素			中误差/像素		
			x	y	平面	x	y	平面
欧亚大陆	8 581	40.7	-4.854	-3.944	4.882	0.563	0.516	0.763
大洋洲	1 293	6.2	-1.694	1.842	2.134	0.632	0.624	0.823
南美洲	2 318	11.0	-5.376	5.742	4.852	0.548	0.240	0.598
北美洲	3 734	17.7	3.444	1.890	3.447	0.326	0.312	0.451
非洲	3 911	18.6	-1.794	1.791	1.919	0.519	0.525	0.738

　　从表 5.3 中可以发现，平差后平面方向的连接点中误差均小于 1 个像素，能够保证平差后影像间的接边误差优于 1 个像素，为正射纠正后相邻影像重叠接边部分不发生地物的几何错位及偏离打下几何精度基础，验证了本书所提出的方法对全球范围内无控制条件下 SAR 影像区域网平差的普适性和可行性。

参　考　文　献

陈希孺, 王松桂, 1987. 近代回归分析. 合肥: 安徽教育出版社.

方开泰, 全辉, 陈庆云, 1988. 实用回归分析. 北京: 科学出版社.

李德仁, 郑肇葆, 1992. 解析摄影测量学. 北京: 测绘出版社.

李德仁, 张过, 江万寿, 等, 2006. 缺少控制点的 SPOT-5HRS 影像 RPC 模型区域网平差. 武汉大学学报(信息科学版), 31(5): 377-380.

王振杰, 欧吉坤, 2004. 用 L-曲线法确定岭估计中的岭参数. 武汉大学学报(信息科学版), 29(3): 235-238.

张方仁, 汪晓庆, 1989. 平差参数的岭估计和压缩估计. 武汉测绘科技大学学报, 14(3): 46-58.

张过, 2005. 缺少控制点的高分辨率卫星遥感影像几何纠正. 武汉: 武汉大学.

张过, 李德仁, 2007. 卫星遥感影像 RPC 参数求解算法研究. 中国图象图形学报, 12(12): 2080-2088.

张力, 张继贤, 陈向阳, 等, 2009. 基于有理多项式模型 RPC 的稀少控制 SPOT-5 卫星遥感影像区域网平差. 测绘学报, 38(4): 302-310.

郑茂腾, 张永军, 朱俊峰, 等, 2017. 一种快速有效的大数据区域网平差方法. 测绘学报, 46(2): 188-197.

周金萍, 唐伶俐, 李传荣, 2001. 星载 SAR 图像的两种实用化 R-D 定位模型及其精度比较. 遥感学报, 5(3): 191-197.

CHENG P, TOUTIN T, 2010. RADARSAT-2 data-automated high accuracy geometric correction and mosaicking without ground control points. GEO Informatics: 22-27.

DOWMAN I, DOLLOFF J T, 2000. An evaluation of rational functions for photogrammetric restitution. International Archives of Photogrammetry and Remote Sensing, 33(B3/1; PART 3): 254-266.

FRASER C S, HANLEY H B, YAMAKAWA T, 2002. Three-dimensional geopositioning accuracy of IKONOS imagery. Photogrammetric Record, 17(99): 465-479.

GRODECKI J, DIAL G, 2003. Block adjustment of high-resolution satellite images described by rational polynomials. Photogrammetric Engineering and Remote Sensing, 69(1): 59-68.

TOUTIN T, 1996. Opposite side ERS-1 SAR stereo mapping over rolling topography. IEEE Transactions on Geoscience and Remote Sensing, 34(2): 543-549.

TOUTIN T, 2004. Spatiotriangulation with Multisensor VIR/SAR Images. IEEE Transactions on Geoscience and Remote Sensing, 42(10): 2096-2103.

TOUTIN T, 2006. Comparison of 3D physical and empirical models for generating DSMs from stereo HR images. Photogrammetric Engineering & Remote Sensing, 72(5): 597-604.

TOUTIN T, OMARIA K, 2010. DEM generation with RADARSAT-2 ultra-fine mode data using RPC. ISPRS Technical Commission VII Symposium. Vienna, Austria.

WU C, AGARWAL S, CURLESS B, et al., 2011. Multicore bundle adjustment. Computer Vision & Pattern Recognition: 3057-3064.

ZHANG G, YUAN X X, 2006. On RPC model of satellite imagery. Geo-spatial Information Science(4): 285-292.

ZHANG G, FEI W B, LI Z, et al., 2010. Evaluation of the RPC model for spaceborne SAR imagery. Photogrammetric Engineering and Remote Sensing, 76(6): 727-733.

ZHANG L, HE X Y, BALZ T, et al., 2011. Rational function modeling for spaceborne SAR datasets. ISPRS Journal of Photogrammetry and Remote Sensing, 66(1): 133-145.

第 6 章　星载 SAR 影像正射纠正与更新

本章主要介绍星载 SAR 正射影像生成方法和叠掩补偿方法原理。通过高分三号获取的多种成像模式 SAR 影像数据，实现星载 SAR 正射影像快速、高精度的自动生成和叠掩补偿，以验证本章方法的有效性。

6.1　基于 RPC 模型的星载 SAR 影像正射纠正

由于星载 SAR 影像在成像过程中受到卫星星历误差、多普勒中心频率误差、斜距测量误差等因素的影响，影像上各地物的几何特征，包括形状、大小、方位等均会产生几何变形。星载 SAR 影像正射纠正是基于几何定位模型，在 DEM 和高精度控制数据基础上对 SAR 载荷、卫星平台、观测环境、地形起伏等引起的误差进行处理，从而得到符合某种地球投影表达要求、具有地理编码的新影像，如图 6.1 所示。

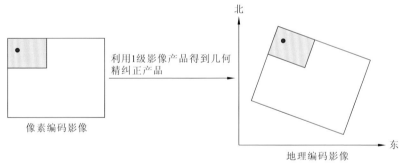

图 6.1　利用 1 级影像产品获得正射纠正产品示意图

基于 RPC 的星载高分辨率 SAR 影像正射纠正建立在 SAR 影像数据、DEM 及相关地形资料（如数字线划地图、DOM 等）的基础上，该算法首先利用 RPC 优化模型建立地面控制点的间接定位结果、模拟影像与实测像点坐标、真实 SAR 影像之间的映射关系，拟合解算出优化模型参数；然后计算正射影像的范围，对正射影像范围内的每个像素由 DEM 内插出高程，并采用间接定位法解算每个像素对应的原始 SAR 影像坐标，同时利用优化模型对间接定位的结果进行优化，获得准确的原始 SAR 影像坐标；最后通过内插得到该像素的灰度。

正射纠正是利用纠正后影像与待纠正影像之间的几何对应关系，通过几何映射、灰度重采样及灰度赋值生成纠正后影像的过程。因此，几何纠正包含两个主要过程：一是纠正后影像与待纠正影像之间像素坐标的转换过程，即将待纠正影像上的像素坐标转变为纠正后影像上的像素坐标；二是从待纠正影像上进行像素灰度值重采样，并赋值给纠正后影像上的对应像素。待纠正影像的像素坐标 (x,y) 与纠正后影像像素坐标 (X,Y) 之间的几何映射关系可以采用如下两种方法表示：

$$x = f_x(X,Y), \quad y = f_y(X,Y) \tag{6.1}$$

$$X = \varphi_x(X,Y), \quad Y = \varphi_y(X,Y) \tag{6.2}$$

采用式（6.1）进行几何纠正是通过纠正后影像上的像素坐标 (X,Y)，反求出其在待纠正影像上对应的像素坐标 (x,y)，称为反解法（或间接解法）。采用式（6.2）进行几何纠正是通过待纠正影像上的像素坐标 (x,y)，解求其在纠正后影像上对应的像素坐标 (X,Y)，称为正解法（或直接解法）。由于对待纠正影像逐像素使用正解法求得的纠正后影像上对应像素坐标并非规则排列，例如局部区域可能没有像素分布，而局部区域却可能出现重复像素，从而很难获取规则排列的纠正后影像。因此一般情况下主要采用反解法进行几何纠正。

采用反解法进行几何纠正时，逐像素计算纠正后影像上像素对应的待纠正影像像素坐标，然后对待纠正影像上进行像素灰度重采样并赋值给纠正后影像，其基本方法和步骤如图 6.2 所示。

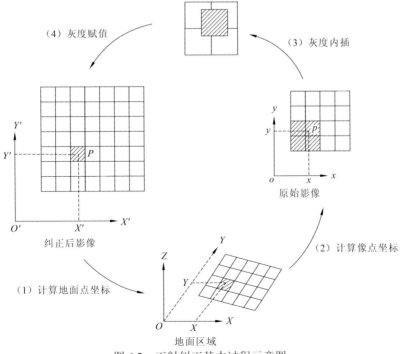

图 6.2 正射纠正基本过程示意图

具体几何纠正流程描述如下。

（1）计算纠正后影像像素对应的地面点坐标。针对纠正后影像上像素点 $p(x', y')$，基于纠正后影像采用的地理参考和地球投影方式，计算 P 点对应的地面大地坐标 (X, Y)。

（2）计算地面点对应的待纠正影像像素坐标。利用给定的高程信息，通过待纠正影像的成像几何模型计算出地面点 (X, Y) 对应的待纠正影像像素坐标 $p(x, y)$。

（3）灰度内插。如果获取的待纠正影像上像素坐标 $p(x, y)$ 没有落在整数像素的中心，就需要采用一定的差值算法进行灰度内插，获取像点 P 的灰度值 $g(x, y)$。

（4）灰度赋值。将待纠正影像像素 P 的灰度赋值给纠正后影像像素 P。

6.2 基于叠掩补偿的正射影像生成

6.2.1 叠掩区域判定

在图 6.3 中，由于斜距成像的特点，在迎坡面上，地表 4-5 间的距离最终成像于成像面上 4′-5′位置处，容易看出，4′-5′的长度要小于 4-5 对应的长度。在较长的坡面上的能量，经过成像后，压缩到相对较小的范围之中，其结果导致在迎坡面上，影像上显示的结果相较于其他区域更为高亮。透视收缩的程度与坡度及入射角有关。对于不同的 SAR 卫星而言，如高分三号、TerraSAR-X、COSMO-SkyMed 和 Radarsat-2，入射角大部分集中在 15°～60°（Lu et al.，2012）。当坡度角大于

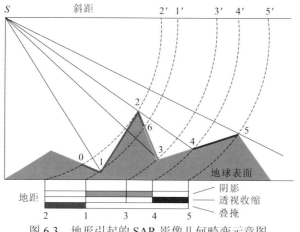

图 6.3 地形引起的 SAR 影像几何畸变示意图

入射角时，发生叠掩现象，如图6.3中区域0-1-2-6。叠掩的产生是由于SAR影像的侧视观察特性最终导致在单个分辨率单元内整合具有相同范围和多普勒频率的多个信号（zhang et al.，2008）。图6.3中，区域6-3-4受坡面影响，导致雷达信号无法到达该区域，造成在成像面上 1′-4′位置信号为0，在影像上的结果是相对于其他区域该区域很暗，一般呈现黑色。其中，区域6-3称为主动阴影区，区域3-4称为被动阴影区。

1. 透视收缩

图6.4（a）中：A、B为地球表面点；$BE \perp AE$；AE为平行于水平面的平面；A、B间坡长为L；斜距为ΔL，且最终成像于ab，即成像面对应长度为ΔL；AB间的水平距离为AE；S为传感器位置；σ_0为迎坡面坡度角且$0 \leq \sigma_0 \leq 90°$；AM为A点处切平面的法线，可认为$AM \perp AB$，α为局部入射角，β为俯角。在图6.4（b）中：$AE \perp EB$；BM为B点处切平面法线，$BM \perp AB$；EB为平行于水平面的平面；σ_1为背坡面坡度角且$0 \leq \sigma_1 \leq 90°$；其余参数意义与图6.4（a）相同。

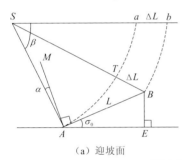 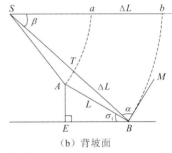

（a）迎坡面　　　　　　　　　　　（b）背坡面

图 6.4　透视收缩示意图

（1）图6.4（a）为发生在迎坡面的透视收缩示意图。AE间的水平距离记为L_{AE}，对于局部区域，$L_{AE} = L \cdot \cos \sigma_0$。同时斜距和坡长满足：$\Delta L = L \cdot \sin \alpha$。其中，$\alpha = 90° - (\beta + \sigma_0)$，$\beta + \sigma_0 \leq 90°$。成像面上$ab$间距离记为$L_{ab}$，$L_{ab} = \Delta L$。由于正射影像是二维影像，图6.4（a）中的水平距离即为正射影像上物方空间范围，可用正射影像上像素个数进行度量，成像面距离即为水平距离对应的斜距，在影像中可用像方像素个数来表示。因此，水平距离L_{AE}与成像面距离$L_{ab}(\Delta L)$的比值可看成物方像素个数（正射影像）与像方像素个数（SAR影像）的比值，表示如下：

$$f_F(\sigma_0, \beta) = \frac{L_{AE}}{\Delta L} = \frac{L \cdot \cos \sigma_0}{L \cdot \sin \alpha} \tag{6.3}$$

常见SAR卫星入射角范围为$15° \sim 60°$，考虑在小范围内入射角可近似为视角，而视角和俯角互余，因此可近似认为入射角和俯角也满足互余关系（程前 等，2019）。因此，常见卫星俯角β范围为$30° \sim 75°$。为了分析$f_F(\sigma_0, \beta)$的变化规律，将变量 σ_0 和 β 分别设置不同的值（满足 $0 \leqslant \sigma_0 \leqslant 90°$、$30° \leqslant \beta \leqslant 75°$ 的条件，且采样间隔设为 $0.01°$），同时将满足条件 $\beta + \sigma_0 \leqslant 90°$ 的个数记为 N_1。此外，分别计算 $f_F(\sigma_0, \beta)$ 取值结果位于区间 $[0, 2)$、$[0, 3)$ 和 $[0, 4)$ 的个数（记为 N_2，N_3，N_4）。由此，可分别计算 $\dfrac{N2}{N1}$、$\dfrac{N3}{N1}$ 和 $\dfrac{N4}{N1}$ 并得到 $f_F(\sigma_0, \beta)$ 位于区间 $[0, 2)$、$[0, 3)$ 和 $[0, 4)$ 的概率值，记为 $P(f_F < 2)$、$P(f_F < 3)$、$P(f_F < 4)$。同理，当 $\beta + \sigma_0$ 条件发生改变时，可以分别计算在该条件下 $f_F(\sigma_0, \beta)$ 在不同区间的概率。详细结果见表 6.1。在表 6.1 中不难发现随着 β 和 σ_0 之和逐渐减小，对应的概率值 P 增大。当满足 $\beta + \sigma_0 \leqslant 70°$ 时，$P(f_F < 3) = 1$。此时，水平距离与成像面的距离比值完全小于 3，即完全满足单个像方像素对应物方像素个数小于 3 这一条件。

表 6.1　f_F 取值概率随 β 和 σ_0 变化表

项目	$P(f_F < 2)$	$P(f_F < 3)$	$P(f_F < 4)$
$\beta + \sigma_0 \leqslant 90°$	0.300 9	0.534 9	0.661 5
$\beta + \sigma_0 \leqslant 85°$	0.341 7	0.617 2	0.763 3
$\beta + \sigma_0 \leqslant 80°$	0.410 2	0.729 4	0.905 5
$\beta + \sigma_0 \leqslant 75°$	0.501 3	0.886 3	1
$\beta + \sigma_0 \leqslant 70°$	0.634 6	1	1

（2）对于背坡面的透视收缩而言，如图 6.4（b）所示，当此种情况发生时，满足 $\sigma_1 < \beta$。这里，EB 间的水平距离记为 L_{EB}，与式（6.3）相似，满足：

$$f_B(\sigma_1, \beta) = \frac{L_{EB}}{\Delta L} = \frac{L \cdot \cos \sigma_1}{L \cdot \sin \alpha} \tag{6.4}$$

式中：$\alpha = 90° - (\beta - \sigma_1)$。与上述分析方法相同，统计后发现 $f_B < 3$ 的概率为 0.995 8。统计结果表明，对于发生在背坡面的透视收缩，基本满足单个像方像素对应物方像素个数小于 3 这一条件。

2. 阴影

在图 6.3 中提到叠掩分为主动阴影和被动阴影两种情况。对于被动阴影，如区域 3-4，不难看出其情况与区域 4-5（迎坡面透视收缩）相似。因此，对于被动阴影，与发生在迎坡面的透视收缩满足相同结论。对于主动阴影，详细情况见图 6.5 中 KC 段。图 6.5 中 $KF \perp AC$，γ 为线 KC 与线 KG 之间的夹角。O 为地表点，$ON \perp AC$。L 为 KC 间坡长并成像于 ac。其他参数意义与图 6.4（b）相同。对于局部区域，可认为 $KG \perp CG$。ΔL 表示 AC 间对应的斜距。

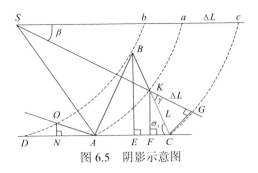

图 6.5 阴影示意图

在背坡面发生主动阴影时，须满足背坡面坡度角大于俯角，即 $\sigma_1 > \beta$。由图中易知，$\gamma = \sigma_1 - \beta$。$FC$ 间水平距离记为 L_{FC}。根据三角几何，可以得到，$\Delta L = L \cdot \cos \gamma$，$L_{FC} = L \cdot \cos \sigma_1$。因此

$$\varphi_A(\sigma_1, \beta) = \frac{L_{FC}}{\Delta L} = \frac{L \cdot \cos \sigma_1}{L \cdot \cos \gamma} = \frac{\cos \sigma_1}{\cos(\sigma_1 - \beta)} \tag{6.5}$$

分析表明，当变量 σ_1 和 β 改变时，$\varphi_A(\sigma_1, \beta)$ 取值范围为 $0 \sim 0.8652$，即 $0 \leqslant \varphi_A(\sigma_1, \beta) \leqslant 0.8652$。此时完全满足单个像方像素对应物方像素个数小于 3 这一条件。

3. 叠掩

依据 SAR 信号能否真实到达地表，叠掩可分为两种情况：SAR 信号能够到达 [图 6.6（a）中线 SA] 和信号无法到达 [图 6.6（b）和（c）中线 SP]。其中，图 6.6 是不同情况下的叠掩示意图。图中，β 为 A 点对应的俯角，β' 是 B 对应的俯角，ε 是线 AS 和线 AO 之间的夹角，σ_0 是迎坡面坡度角。其他参数含义与图 6.5 相同。图 6.6（b）中，β 为 P 点对应的俯角，在这种情况下，SAR 信号不能到达坡底（A 点）。ε 是线 SP 和线 OP 的夹角，$QP \perp OG$，$OG \perp AC$，$PH \perp AC$。其余参数与图 6.6（a）相同。图 6.6（c）中，δ 表示线 OP 和线 OQ 的夹角，η 表示线 OP 和线 SP 的夹角，$OQ \perp PH$。其余参数含义与图 6.6（b）相同。图 6.6（d）是图（a）～（c）中 BK 段不同情况的集中展示。

图 6.6（a）中当 SAR 信号无法到达坡底时，显然 $\varepsilon \leqslant \beta$。对于局部区域，$\beta'$ 可近似等于 β，即 $\beta \approx \beta'$。

OA 段：根据几何关系，可构建如下关系：

$$\begin{cases} L_{NA} = L_{OA} \cdot \cos(\beta - \varepsilon) \\ \Delta L = L_{OA} \cdot \cos \varepsilon \end{cases} \tag{6.6}$$

式中：L_{NA} 为点 N 和点 A 的水平距离；L_{OA} 为点 O 和点 A 的水平距离。在后续的分析中，两点间的距离均采用此种方式表示，因此不再进行说明。

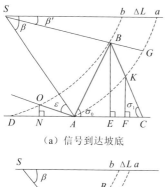

（a）信号到达坡底

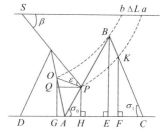

（b）情况1：信号无法到达坡底

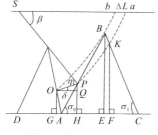

（c）情况2：信号无法到达坡底

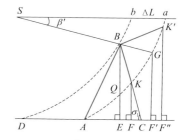

（d）BK段不同情况示意图

图 6.6　叠掩示意图

AB 段：可构建

$$\begin{cases} L_{AE} = L_{AB} \cdot \cos\sigma_0 \\ \Delta L = L_{AB} \cdot \cos(180^\circ - (\beta + \sigma_0)) \end{cases} \quad (6.7)$$

BK 段：事实上，除了此时的俯角为 β'，该部分与图 6.5 中 KC 段情况相同。由此，可以构建相似的关系式如下：

$$\begin{cases} L_{EF} = L_{BK} \cdot \cos\sigma_1 \\ \Delta L = L_{BK} \cdot \cos(\sigma_1 - \beta') \end{cases} \quad (6.8)$$

考虑 $\beta \approx \beta'$，式（6.8）可以重新表示为

$$\begin{cases} L_{EF} = L_{BK} \cdot \cos\sigma_1 \\ \Delta L = L_{BK} \cdot \cos(\sigma_1 - \beta) \end{cases} \quad (6.9)$$

结合式（6.6）～式（6.9），构建水平距离与成像面距离之间的比例关系如下：

$$\psi_A(\sigma_0, \sigma_1, \varepsilon, \beta) = \frac{L_{NA} + L_{AE} + L_{EF}}{\Delta L} = \frac{\cos(\beta - \varepsilon)}{\cos\varepsilon} - \frac{\cos\sigma_0}{\cos(\beta + \sigma_0)} + \frac{\cos\sigma_1}{\cos(\sigma_1 - \beta)} \quad (6.10)$$

式中：$90^\circ \leqslant \beta + \sigma_0$，$30^\circ \leqslant \beta \leqslant 75^\circ$，$\varepsilon \leqslant \beta$，$\beta \leqslant \sigma_1$。因此满足 $15^\circ \leqslant \sigma_0 \leqslant 90^\circ$，$30^\circ \leqslant \sigma_1 \leqslant 90^\circ$，$0^\circ \leqslant \varepsilon \leqslant 75^\circ$。

与上述分析相似，将变量 σ_0、σ_1 和 β 的间隔设置为 0.01°，然后分别计算 $\psi_A(\sigma_0, \sigma_1, \varepsilon, \beta)$ 在不同区间下（$[2, +\infty)$，$[3, +\infty)$，$[4, +\infty)$）与不同限制条件下对应的结果。除此之外，分别统计在不同情况下满足条件对应的数值，随后可通过除法获得对应的概率值。

此处，将 σ_0 和 σ_1 设置不同的取值范围作为限制条件，同时计算对应情况下 $\psi_A(\sigma_0,\sigma_1,\varepsilon,\beta)$ 的取值情况，结果见表 6.2。

表 6.2 ψ_A 取值概率随 σ_0 和 σ_1 变化表

项目	$P(\psi_A \geq 2)$	$P(\psi_A \geq 3)$	$P(\psi_A \geq 4)$
$\sigma_0 \leq 90^\circ, \sigma_1 \leq 90^\circ$	0.573 0	0.379 1	0.273 9
$\sigma_0 \leq 80^\circ, \sigma_1 \leq 80^\circ$	0.671 6	0.469 0	0.344 0
$\sigma_0 \leq 70^\circ, \sigma_1 \leq 70^\circ$	0.781 9	0.620 6	0.475 2
$\sigma_0 \leq 60^\circ, \sigma_1 \leq 60^\circ$	0.907 0	0.828 6	0.722 1
$\sigma_0 \leq 50^\circ, \sigma_1 \leq 50^\circ$	0.955 9	0.953 2	0.948 0

表 6.2 中，当 σ_0 和 σ_1 减小时，对应的概率值 P 逐渐增加。当满足 $\sigma_0 \leq 60^\circ$ 和 $\sigma_1 \leq 60^\circ$ 时，$P(\psi_A \geq 3) = 0.828\,6$。由此可认为，当叠掩发生时，大概率（概率值为 0.828 6）满足单个像方像素对应的物方像素不小于 3 这一假设条件。

事实上，在测量规范中，当坡度角大于 25° 时，可认为是高山地。也就是对大部分地形条件，坡度角不会超过 25°，更不会超过 60°。基于此种先验，在大部分情况下，叠掩现象发生时会满足单个像方像素对应的物方像素不小于 3 这一条件。

在图 6.6（b）中，SAR 信号无法到达坡底。此时，以 S 为圆心，过 B 点的同心圆与前面的山体相交于 O 点。易知，O 点的高程不会小于 P 点对应的高程，即 $\varepsilon \leq \beta$。实际上图 6.6（b）的情况与图 6.6（a）相同，也就是同样满足式（6.10）。

在图 6.6（c）中，SAR 信号同样无法到达坡底。但与图 6.6（b）不同的是，这里 O 点高程不会大于 P 点高程，即 $\beta \leq \eta$。

OA 段和 AP 段：可构建关系

$$\begin{cases} L_{OQ} = L_{OP} \cdot \cos\delta \\ \Delta L = L_{OP} \cdot \cos\eta \end{cases} \tag{6.11}$$

式中：$\delta \leq \sigma_0 \leq 90^\circ$，$\beta \leq \eta \leq 90^\circ$，$\cos\delta \geq \cos\sigma_0$ 和 $\cos\beta \geq \cos\eta$。可以得

$$\frac{L_{OQ}}{\Delta L} = \frac{\cos\delta}{\cos\eta} \geq \frac{\cos\sigma_0}{\cos\eta} \geq \frac{\cos\sigma_0}{\cos\beta} \tag{6.12}$$

由于 $L_{GH} = L_{OQ} = L_{GA} + L_{AH}$

$$\frac{L_{GA} + L_{AH}}{\Delta L} \geq \frac{\cos\sigma_0}{\cos\beta} \tag{6.13}$$

PB 段和 BK 段：显而易见，这两部分与图 6.6（a）中 AB 段和 BK 段相同，因此

$$\frac{L_{HE} + L_{EF}}{\Delta L} = -\frac{\cos\sigma_0}{\cos(\beta+\sigma_0)} + \frac{\cos\sigma_1}{\cos(\sigma_1-\beta)} \tag{6.14}$$

结合式（6.13）和式（6.14），可以建立水平距离与成像面距离的比值如下：

$$\psi_B(\sigma_0,\sigma_1,\beta) = \frac{L_{GA} + L_{AH} + L_{HE} + L_{EF}}{\Delta L} \geqslant \frac{\cos\sigma_0}{\cos\beta} - \frac{\cos\sigma_0}{\cos(\beta+\sigma_0)} + \frac{\cos\sigma_1}{\cos(\sigma_1-\beta)} \tag{6.15}$$

式中：$90° \leqslant \beta+\sigma_0$，$30° \leqslant \beta \leqslant 75°$，$\beta \leqslant \sigma_1$。因此，$15° \leqslant \sigma_0 \leqslant 90°$，$30° \leqslant \sigma_1 \leqslant 90°$。为了简化计算，本小节仅取极限情况也就是 $\psi_B(\sigma_0,\sigma_1,\beta)$ 的最小值进行处理。

相似地，$\psi_B(\sigma_0,\sigma_1,\beta)$ 计算的概率结果见表 6.3，不难得出与图 6.6（b）相同的结论。不过此时当满足条件 $\sigma_0 \leqslant 60°$、$\sigma_1 \leqslant 60°$ 时，$P(\psi_A \geqslant 3) = 0.718\,1$。

表 6.3 ψ_B 取值概率随 σ_0 和 σ_1 变化表

项目	$P(\psi_B \geqslant 2)$	$P(\psi_B \geqslant 3)$	$P(\psi_B \geqslant 4)$
$\sigma_0 \leqslant 90°, \sigma_1 \leqslant 90°$	0.443 0	0.335 2	0.265 0
$\sigma_0 \leqslant 80°, \sigma_1 \leqslant 80°$	0.519 7	0.406 0	0.324 2
$\sigma_0 \leqslant 70°, \sigma_1 \leqslant 70°$	0.636 9	0.527 9	0.433 0
$\sigma_0 \leqslant 60°, \sigma_1 \leqslant 60°$	0.797 7	0.718 1	0.640 9
$\sigma_0 \leqslant 50°, \sigma_1 \leqslant 50°$	0.930 5	0.918 5	0.897 2

在图 6.6（a）、图 6.6（b）和图 6.6（c）中，BK 段的计算是基于假设条件 $\beta \leqslant \sigma_1$，更为准确来说 $\beta' \leqslant \sigma_1$ [图 6.6（a）]。图 6.6（d）为 BK 段在不同情况下的示意图。下面对图 6.6（d）的情况进行说明。

假设 β' 为常量且 $\beta' \leqslant \sigma_1$。当 σ_1 从 β' 变化至 $90°$ 时，BK 段从 BG 改变至 BQ。与此同时，该部分对应的水平距离由 EF' 变化至 0。当不满足 $\beta' \leqslant \sigma_1$ 条件时，BK 段从 BG 改变至 BK'，此时其对应的水平距离从 EF' 改变至 EF''。显然，此时 BK 部分对应的水平距离大于 EF'。在这种情况下，先前计算的概率值将会增加，但不影响现有分析得出的结论。

6.2.2 叠掩掩膜生成

在对透视收缩和阴影的几何成像特性进行分析（黄志杨 等，2015）后，发现主动阴影和发生在背坡面的透视收缩满足以下条件：当坡度与坡度角之和小于 $70°$ 时，单个像方对应的物方像素个数不超过 3。对于阴影和发生在迎坡面的透视收缩而言，同样满足上述条件。

针对大部分地形条件，叠掩满足单个像方对应的物方实际像素个数不小于 3 这一条件。因此，当单个像方像素对应的物方像素不小于 3 时，对应的物方实际像素所在区域可近似判定为叠掩。虽然随着地形情况的变化，透视收缩和阴影可能会误判为叠掩，但是考虑正射影像上当超过两个像素同时采样于一个像方像素时其纹理会难以区分，对影像质量造成一定影响，所以误判区域即使判定为叠掩，也会在后续的叠掩补偿中进行操作从而提升影像质量。

基于上述分析，本小节提出一种叠掩掩膜生成的新方法，即当单个像方像素对应的物方实际像素超过 2 个时（等同于不小于 3），对应的物方实际像素区域判定为叠掩。结合 RFM 定位模型，本小节方法称为 RFM 方法。图 6.7 为简化的方法流程图。RFM 方法具体步骤如下。

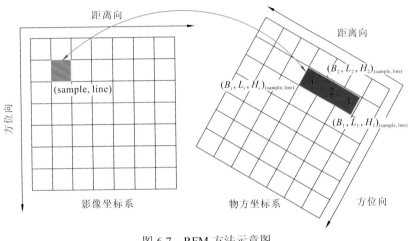

图 6.7　RFM 方法示意图

（1）计算原始 SAR 影像对应的 DEM 范围，并对 DEM 重采样至正射影像相同分辨率。

（2）根据重采样后 DEM 影像坐标及投影信息等计算对应的地面点物方坐标 (B, L, H)，并几何 RFM 计算 SAR 原始影像上影像坐标(sample, line)，同时记录单个像方坐标(sample, line)对应的物方坐标 $(B_i, L_i, H_i)_{(sample, line)}$，$i = 1, 2, \cdots$。

（3）当单个像方坐标(sample, line)对应的物方实际像素超过 2 个时，即当 $i > 2$，物方坐标 $(B_i, L_i, H_i)_{(sample, line)}$ 判定为叠掩，记为 flag=2；否则，$(B_i, L_i, H_i)_{(sample, line)}$ 判定为正常，记为 flag=1。通过遍历所有像素可以初始化掩膜图 T。

（4）对（3）中原始掩膜图进行编辑，采用形态学闭运算减少掩膜图中的"孔洞"效应。

6.2.3 叠掩区域补偿

SAR 由于侧视几何成像的特点，当地形起伏较大时会发生严重几何畸变，如叠掩、阴影。其畸变程度与入射角有关，当坡度角大于入射角时，将发生叠掩现象。对于叠掩和阴影，来自这些失真区域的散射信号几乎不包含有关地形覆盖类型的信息，严重影响 SAR 影像的进一步大规模应用。仅依靠单景影像无法解决叠掩问题。目前一般采用多角度影像（或升降轨影像）对失真区域进行有效补偿。

如图 6.8 所示，基于升降轨数据，优先将覆盖度较高视向的影像集确定为主影像集，对应视向的影像集确定为副影像集，然后逐个计算主影像集中每景影像与副影像集中所有影像的重叠度，并在重叠度的基础上构建主副影像映射集。利用基于 RFM 的叠掩掩膜生成方法，生成所有影像对应的叠掩掩膜文件，根据主副影像映射集合，正射纠正后影像与掩膜，对主影像逐景进行叠掩补偿。补偿后将映射集合中对应副影像删除，更新映射集合，并更新补偿后主影像掩膜文件，最后生成最终的经过叠掩补偿的正射影像。

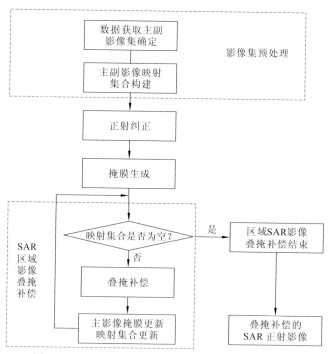

图 6.8 基于叠掩补偿的 SAR 正射影像制作流程图

当主副影像已经确定并通过正射纠正、地理配准后，主副影像同名点像素具有相同地理位置。此时通过叠掩或者阴影的掩膜对主副影像逐像素进行判断，将主影像上异常像素（叠掩或者阴影像素）利用对应位置的副影像上的正常像素（除叠掩和阴影像素的像素）进行代替，其基本原理如下：

$$\begin{cases} \{[M(i,j) \in A_{\mathrm{S}}] \vee [M(i,j) \in A_{\mathrm{L}}]\} \wedge \{[S(i',j') \in B_{\mathrm{S}}] \vee [S(i',j') \in B_{\mathrm{L}}]\} \to R(i,j) = M(i,j) \\ \{[M(i,j) \in A_{\mathrm{S}}] \vee [M(i,j) \in A_{\mathrm{L}}]\} \wedge \{[S(i',j') \in B_{\mathrm{N}}]\} \to R(i,j) = S(i',j') \\ \{[M(i,j) \in A_{\mathrm{N}}]\} \to R(i,j) = M(i,j) \end{cases}$$

$$(6.16)$$

式中：$\in$ 表示像素属于图像范畴；$\wedge$、$\vee$ 和 $\to$ 分别表示"或"、"且"和"蕴含"运算；$M(i,j)$、A_{L}、A_{S} 和 A_{N} 分别为主影像上任意像素、叠掩区域范围、阴影区域范围和正常区域范围；$S(i',j')$、B_{L}、B_{S} 和 B_{N} 分别为副影像上对应主影像 $M(i,j)$ 位置像素、副影像上叠掩区域范围、副影像上阴影区域范围和副影像上正常区域范围；$R(i,j)$ 为补偿后影像上像素值。这里的正常区域范围表示通过叠掩阴影掩膜对影像中的叠掩和阴影进行掩膜后剩下的区域。

在只考虑叠掩现象的情况下，式（6.16）可以简化为

$$\begin{cases} \{[M(i,j) \in A_{\mathrm{L}}]\} \wedge \{[S(i',j') \in B_{\mathrm{L}}]\} \to R(i,j) = M(i,j) \\ \{[M(i,j) \in A_{\mathrm{L}}]\} \wedge \{[S(i',j') \in B_{\mathrm{N}}]\} \to R(i,j) = S(i',j') \\ \{[M(i,j) \in A_{\mathrm{N}}]\} \to R(i,j) = M(i,j) \end{cases}$$

$$(6.17)$$

式中：A_{N} 为主影像上正常区域范围；B_{N} 为副影像上正常区域范围。但不同于式（6.16），本节只考虑叠掩现象，因此将叠掩区域当作异常区域，通过叠掩掩膜后剩下区域当成正常区域，其余参数意义同上。

当利用副影像上正常像素对主影像的叠掩像素进行补偿后，通过统计重叠区补偿前的叠掩像素个数与被补偿的像素个数，计算叠掩补偿率：

$$\mathrm{rate}_{\mathrm{comp}} = \frac{\mathrm{CNT}_{\mathrm{comp}}}{\mathrm{CNT}_{\mathrm{before}}} \times 100\%$$

$$(6.18)$$

式中：$\mathrm{rate}_{\mathrm{comp}}$ 为补偿率；$\mathrm{CNT}_{\mathrm{comp}}$ 为重叠区有效补偿的像素个数；$\mathrm{CNT}_{\mathrm{before}}$ 为重叠区补偿前的叠掩像素个数。

6.3　基于 CPU/GPU 协同的快速正射纠正

CPU/GPU 协同的星载 SAR 卫星影像几何校正算法流程如图 6.9 所示，首先通过 CPU 将遥感数据从硬盘读入内存，然后传入 GPU 端，利用 GPU 分别对影像数据进行 DEM 重采样、坐标反算及灰度重采样操作，最后把结果传回 CPU，再写回硬盘，完成整个处理过程。为减少数据传输时间，在 GPU 端的处理过程中，由于坐标反算中需要用到 DEM 重采样的结果，在 DEM 重采样的过程中，直接将结果保留在显存中，不需要传回内存；同样，在坐标反算到原始影像上之后，马上进行灰度重采样，那么反算得到坐标数据也可以直接保留在显存中。对于多波段数据而言，在完成坐标反算的计算之后，只需要对每个波段进行灰度重

采样操作即可，而不需要重复计算原始影像的坐标。

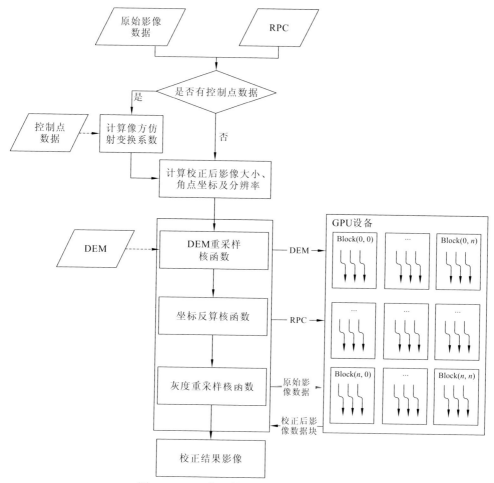

图 6.9　GPU 实现的几何校正算法流程图

　　从几何校正算法可以看出，校正影像中每个像素点之间的坐标插值和灰度采样是彼此独立的，因此，将常规 CPU 端插值和采样算法用 GPU 实现，每个线程中处理校正后影像的一个像素，完成该像素包括坐标插值及灰度采样的全部计算。

　　基于 GPU 的编程需要综合考虑显卡的硬件条件、计算能力及存储器模型等因素，充分发挥各方面的优势，才能够得到效率的提升。GPU 设备端代码的运行效率主要受三个方面的制约：GPU 设备的利用效率、显存的访问速度及指令吞吐量。因此，程序分别对这三个方面做了优化。

6.3.1　程序结构优化

通过优化程序的结构，使其更适合于并行算法处理，从而提高 GPU 设备的利用效率，可以有效地提高程序执行的效率。程序中从以下 4 个方面对程序的结构进行优化。

1. 计算任务拆分

在 GPU 端，每个线程完成影像中一个像素的坐标插值和灰度采样的全部操作是直接也是最节省显存空间的做法，但是这样做存在两方面的不足。一是使得实现该算法的核函数过于复杂，核函数的实现过程中需要使用大量的寄存器和缓存空间，由于设备端这些资源的数量是有限的，由此带来的问题是不得不将一些数据放置于线程的局部存储器，而这些局部存储器的访问速度非常低下，会直接导致程序的运行效率下降。二是在处理多波段数据的过程中，不同波段相同位置像素的坐标插值是相同的结果，如果在不同波段的各像素中都完成坐标插值和灰度采样的操作，显然会造成坐标插值这部分计算冗余。

因此，如图 6.9 所示，将 GPU 中的实现拆分成两个独立过程：坐标插值和灰度采样，这两部分分开执行，分别由独立的核函数完成。先由第一个核函数对待校正影像进行坐标反算，得到在原始影像中的坐标值；然后由第二个核函数完成灰度采样操作。由于两个操作是分开进行的，在每个核函数过程中所需要的寄存器个数和缓存大小均有下降，避免了局部存储器的使用。同时，对于多波段数据而言，只需要多次调用灰度采样的核函数即可完成对各个波段的采样操作，而无须多次计算采样坐标值。

2. 显存与内存之间数据传输优化

对显存与内存之间数据传输进行优化，应减少不必要的数据传输，提高数据传输效率，从而提高程序运行效率。考虑已经将几何校正算法拆分成了坐标插值和灰度采样两个步骤，程序中必须开辟空间来保存校正影像反算回原始影像的坐标值，但这些坐标值只是各个运行过程的中间结果，对于最终的输出并没有实际意义，因此将这些中间结果保留在显存空间，以减少显存与内存间不必要的数据传输。另外，在每次数据传输过程中，应该传输尽可能多的数据，程序中根据显存的容量动态地划分校正影像子块的大小，使其最大限度地满足传输效率的要求。

针对高分应用大数据量、快速处理的要求，以高性能计算平台为基础，利用多核 CPU 以并行方式解算几何校正模型参数，并处理计算任务与计算资源的均衡分配；利用 GPU 实现多个影像几何重采样计算单元的并行化执行，形成可满足业务化生产要求的并行化高分卫星影像快速影像精校正技术。

3. CPU 与 GPU 的异步操作

统一计算架构（compute unified device architecture，CUDA）程序支持异步执行，不同计算能力的设备支持不同层次的异步操作。总的来讲，CUDA 程序支持以下的异步执行。

（1）核函数的执行。

（2）设备端到设备端的数据拷贝。

（3）主机端到设备端的数据拷贝（数据块大小不超过 64 kB）。

（4）由异步函数完成的数据拷贝。

（5）与显存相关的操作。

考虑影像是分块传输到 GPU 端进行处理，在完成数据从 CPU 到 GPU 的传输后，GPU 中核函数开始进行相应的灰度采样操作，而此时 CPU 端处于空闲状态，因此可以利用核函数异步执行的特点，在完成数据从主机端到设备端的传输后，设备端开始执行校正算法，同时让 CPU 继续读取下一块要处理的数据，实现 GPU 与 CPU 运行时间的重叠，以此来减少程序运行的时间。

4. 分块策略

在传统的算法中，由于考虑机器内存空间的限制，程序中通常会采用分块处理的方式，即根据机器可用内存的大小决定程序每次处理的影像块大小，采用"分块读取影像数据—校正处理—写回结果数据"的策略。在引入 CUDA 编程之后，由于处理数据要传入 GPU 端进行处理，在分块的时候，需要进一步考虑显存空间的限制。显存空间相比内存空间小得多，如果简单地根据两者的最小值来决定影像分块的大小，就会导致程序的 IO 操作过于频繁，这些操作无疑会大大降低程序的执行效率。因此，程序中改用另一种分块策略。

具体来讲，程序首先根据可用内存的大小，决定每次处理的影像块大小，将这块影像数据一次性读入内存，在利用 GPU 进行校正处理的过程中，再根据可用显存的大小进行二次分块，每次只将更小的一部分数据传入显存中进行处理，在整个影像块数据处理完之后，再一次性将结果写出至硬盘。通过这种方式，能够有效地减少 IO 的次数，提高 IO 的效率，从而整体上降低程序执行的时间，可以看到，机器上可用的内存空间与显存空间相差越大，这种分块策略能提高的执行效率也会越明显。

6.3.2　显存访问方式优化

1. 全局存储器的合并访问

GPU 的全局存储器在访问时对数据有一定的对齐要求，只有满足 32 位、64 位或者 128 位对齐的数据才能够被传输。不同计算能力的显卡支持不同层次的合并访问，所谓的合并访问是指，当线程访问的数据大小及数据分布满足一定条件时，系统将同一个 warp 内线程的访存请求合并成一次数据传输以提高访存效率的方法。在程序中由反算得到的原始影像的坐标值是中间结果，被保存在全局存储器上，其数据的排列方式是否满足合并访问的条件，将直接影响这些数据的访问效率，采用优先存储所有像素的横坐标，再存储列坐标的方式，就能最大限度地满足合并访问条件，从而提高全局存储器的访问效率。

2. 常量存储器的使用

对于单景卫星遥感影像而言，每一景影像一般只对应一组 RPC 参数，也就是说对单景影像中的所有像素而言，均使用同一组 RPC 参数来反算原始影像坐标。若把这组 RPC 参数存储于全局存储器或者局部存储器中，必然会导致访存的低效，而设备端为常量存储器设置了缓存，其访存效率要比这些存储器高得多。因此考虑把这组 RPC 参数放在设备端的常量存储器中，在程序运行的过程中，这组 RPC 的值由主机端传入设备端，实现该部分数据的高效访问。

3. 寄存器使用

影像的几何校正过程中，待校正影像中相邻坐标点反算回原始影像后的坐标并不一定也相邻，无法利用设备端中提供的共享存储器。但是，在 CUDA 编程中，寄存器（一级缓存）与共享存储器共同使用片载的存储单元，而且一级缓存的访存效率要远远高于其他的存储器，因此通过增加一级缓存的数量，使其从原来的 16 kB 增加到 48 kB，也能够显著地提高程序访问全局存储器和局部存储器的效率。

4. 共享存储器使用

在坐标反算过程中，由于反算后的坐标位置不一定相邻，不能直接使用共享存储器来提高访存速度，但是还是可以充分利用共享存储器访存速度较快的特点，在计算过程中，利用共享存储器来存储程序运行中的中间变量，进一步减少每个线程中使用的寄存器数量，以此增加每个多流处理器（stream multiprocessor，SM）中的线程总数，提高 SM 的占用率，从而更加有效地掩盖高时间延迟的操作，间接地提高程序的性能。

6.3.3　指令吞吐量优化

在设备端，不同的指令有不同的吞吐量，在精度允许的情况下，选择具有高指令吞吐量的指令能提高程序的执行效率，可以通过使用编译选项来选择具有更高指令吞吐量的指令。另外，由于 CUDA 中对分支语句的处理是低效的，在程序中必须要尽量减少逻辑分支语句的使用。

6.4　星载 SAR 正射影像更新

星载 SAR 影像更新是基于已完成的 SAR 正射影像对局部或全局区域进行多时相影像更新迭代的处理过程。本节提出一种基于小面元相对配准的正射影像快速更新方法，该方法直接利用新获取待纠正的卫星遥感影像和正射影像产品进行高精度相对配准，然后通过小面元微分纠正将星载 SAR 影像投影到原始正射影像参考坐标系，进而实现正射影像的快速更新。

6.4.1　控制点自动提取

主要采用 SAR-SIFT（Dellinger et al.，2015）匹配算法，实现 SAR 相邻影像同名点的自动匹配。主要流程如下。

（1）提取关键点。关键点是一些十分突出的不会因光照、尺度、旋转等因素而消失的点，比如角点、边缘点、暗区域的亮点及亮区域的暗点。此步骤是搜索所有尺度空间上的影像位置，通过高斯微分函数来识别潜在的具有尺度和旋转不变的兴趣点。

（2）定位关键点并确定特征方向。在每个候选的位置上，通过一个拟合精细的模型来确定位置和尺度。关键点的选择依赖于它们的稳定程度。基于影像局部的梯度方向，分配给每个关键点位置一个或多个方向。所有后面的对影像数据的操作都相对于关键点的方向、尺度和位置进行变换，从而提供对这些变换的不变性。

（3）通过各关键点的特征向量，进行两两比较找出相互匹配的若干对特征点，建立景物间的对应关系。

在获得初始匹配结果后，通过最小二乘（Levenberg Marquardt，LM）、互信息（mutual information，MI）、互相关（cross correlation，CC）等方法（Xiang et al.，2018）实现高精度配准，这是实现 DOM 高精度更新的基础。

6.4.2　基于不规则三角网的星载 SAR 正射纠正

影像局部自动更新的最终结果是利用最新遥感影像资料对现有 DOM 成果进行基于目标区影像的局部自动更新，生成的更新影像在几何关系上与 DOM 影像保持一致。目前常用的方法是多项式法，即用一个高次（三次或三次以上）多项式来表示影像之间的几何关系，然后利用控制点坐标解算出该多项式的系数，再依据此多项式进行纠正。但是对一些不同传感器的影像，因为它们之间的几何变形往往非常复杂，特别是山区影像，即使采用高次多项式模型也无法完全拟合这部分变形，致使配准的精度不高，更新影像的几何精度达不到要求。

由于本章的特征点是作为控制点使用的，特征点一般集中在特征线上，这与不规则三角网（triangulated irregular network，TIN）的特点是吻合的。TIN 的最大优点就是对复杂地形的准确描述。通过对整个影像建立三角网，对起伏较大的区域建立密集的三角网，而对平坦区域建立稀疏三角网，然后对每一个小三角形面元建立一个仿射变换式，如式（6.19）所示。根据该三角形的 3 个顶点计算式中的系数 a_0, a_1, a_2 与 b_0, b_1, b_2，再按照此多项式将目标影像上的三角形纠正到 DOM 影像上的三角形，图 6.10 是小面元纠正的示意图。实验表明，由于每个小三角形的面积很小，其内部的变形完全可以用一个一次多项式来描述，这种方法使几何变形复杂的遥感影像之间的配准问题得到了有效的解决。

$$\begin{cases} x_i = a_0 + a_1 x_i' + a_2 y_i' \\ y_i = b_0 + b_1 x_i' + b_2 y_i' \end{cases} \tag{6.19}$$

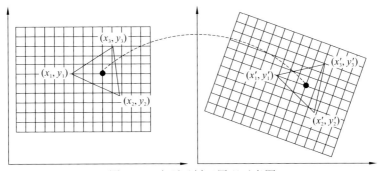

图 6.10　小面元纠正原理示意图

由 DOM 影像上的三角形和与其对应的 SAR 影像上的三角形的 3 个顶点的坐标计算得到仿射变换式（6.19）中的 6 个系数，然后根据 DOM 影像的影像点对应 SAR 影像像点坐标，在新影像上进行双线性灰度内插即可得到 DOM 影像上相应影像点的灰度。

6.5　实验结果与分析

6.5.1　SAR 影像单景正射纠正实验验证

实验区域：选择我国境内高精度数字几何检校场，嵩山、天津、太原等区域（表 6.4）。

实验数据：高分三号卫星完成卫星载荷系统功能实验后的 1A 级数据产品，地面检校场高精度的光学 DOM 和 DEM，比例尺分别为 1∶2 000 和 1∶5 000。

表 6.4　实验数据列表

序号	观测时间	成像模式	产品级别	极化方式	观测区域	分辨率/m
1	2017-03-20	聚束模式	L1A	HH	太原	1
2	2017-02-24	超精细条带模式	L1A	DH	天津	3
3	2017-01-16	精细条带 1 模式	L1A	HH/HV	嵩山	5
4	2017-03-30	全极化条带 1 模式	L1A	AHV	天津	8
5	2017-01-26	标准条带模式	L1A	HH/HV	嵩山	25

1. 精度评定方法

方法一：在利用控制点对模型参数进行优化的过程中，通过定位模型的定向精度也可以对影像的正射纠正精度进行预测，这种评价是在 SAR 影像坐标空间进行的，精度以像元为单位，也称为定向精度。

方法二：还有一种直观而且通用的定量评价影像正射纠正几何精度的方法是直接评价正射纠正后的 SAR 影像。纠正后的影像通常处于一个投影直角坐标系中，精度的评价在该坐标系中进行。通过一些均匀分布在影像上已知真实坐标的检查点，确定检查点在正射纠正影像上的坐标，进而计算纠正影像的几何精度或误差。这种精度评价方法是在物方坐标空间进行的，单位通常为 m，也称为定位精度。

通过人工比对光学影像和 SAR 影像上的同名地物，采集高精度、分布较均匀的地面控制点。控制点/检查点一般选取在 SAR 影像上明显特征的位置（如规则形状道路交叉口等），如图 6.11 和图 6.12 所示。

图 6.11　聚束模式太原区域光学 DOM、DEM 和 SAR 影像基于地理位置的套合图

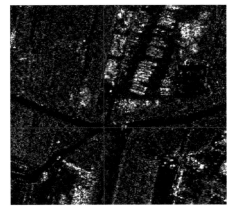

图 6.12　光学 DOM 和 SAR 影像上的同名特征示意图

2. 实验结果与分析

针对高分三号单景影像几何精校正的实验要求，采用本节提出的 CPU/GPU 协同的快速正射纠正方法，针对高分三号多模式成像（聚束模式、超精细条带模式、精细条带 1 模式、全极化条带 1 模式和标准条带模式）的单景影像进行正射纠正处理。针对不同模式的 SAR 影像数据，分别基于不同的控制条件，实现 SAR 影像的高精度正射产品生产，并基于高精度控制数据对正射产品进行精度验证，实现对高分三号多模式数据的几何质量的评估。以下分别对各模式实验结果进行详细说明。

1）聚束模式

基于高精度控制数据，分别统计太原聚束模式（表 6.5）获取的高分三号影像在不同控制点情况单景影像的定向精度，如表 6.6 所示。

表 6.5　太原聚束模式（1 m）数据情况表

项目	说明
实验数据名称	GF3_SAY_SL_003206_E112.5_N37.9_20170320_L1A_HH_L10002250683
雷达工作模式	聚束模式
影像分辨率/m	1
数据获取时间	2017-03-20
数据覆盖地区	太原
数据覆盖面积/km^2	366.7

表 6.6　太原聚束模式（1 m）单景定向精度表

产品	控制点	检查点	控制点精度/像素			检查点精度/像素		
			x	y	平面	x	y	平面
太原聚束模式	0	9	—	—	—	42.463	50.283	65.814
	4	5	0.714	1.138	1.344	1.321	1.146	1.749
	9	0	0.857	0.976	1.299	—	—	—

根据表 6.6 和图 6.13 可得：聚束模式无控条件下，检查点的定向精度为 65.814 个像素，即无控定位精度约为 65 m，从 0 控制点的残差图也可以看出明显的系统误差；在 4 角布设控制点的情况下，检查点的定向精度为 1.749 个像素。基于高精度控制点消除聚束模式影像的系统残差，实现定向精度得到显著提升。利用四控定向后的 RPC 参数进行高分三号影像正射纠正，通过高精度控制数据选取检查点进行几何定位精度评估，根据表 6.7 可得，在正射纠正后的聚束模式影像上采集了 9 个检查点，检查点中误差为 1.655 m。

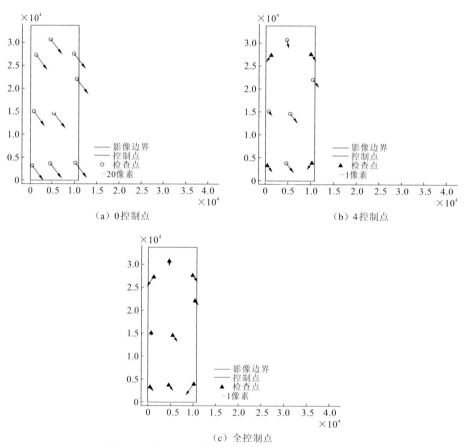

（a）0 控制点　　　　　　　　　　（b）4 控制点

（c）全控制点

图 6.13　高分三号太原聚束模式单景定向残差图

表 6.7　太原聚束模式（1 m）单景定位精度表

编号	检查点平面坐标/m		正射影像坐标/m		差值/m		
	X	Y	X′	Y′	DX	DY	平面
1	56 763.152 9	130 007.749 7	56 761.343 8	130 007.476 6	1.809	0.273	1.829
2	77 787.656	125 930.401 8	77 787.085 9	125 930.867 2	0.570	−0.465	0.735
3	80 045.562	140 588.707 1	80 046.148 4	140 587.562 5	−0.586	1.144	1.286
4	61 454.952 2	144 375.637 9	61 453.906 3	144 376.828 1	1.045	−1.190	1.584
5	58 842.287 3	137 089.983 4	58 841.691 4	137 089.593 8	0.595	0.389	0.711
6	69 068.805 4	144 914.679	69 067.234 4	144 914.515 6	1.571	0.163	1.579
7	68 777.451 8	134 680.121 7	68 778.367 2	134 679.531 3	−0.915	0.590	1.089
8	65 514.686 2	128 438.214	65 513.046 9	128 436.187 5	1.639	2.026	2.606
9	80 615.816 9	136 952.02	80 613.773 4	136 950.812 5	2.043	1.207	2.373
中误差（1σ）					±1.314	±1.006	±1.655

2）超精细条带模式

基于高精度控制数据，分别统计天津超精细条带模式（表 6.8）获取的高分三号影像在不同控制点情况单景影像的定向精度，如表 6.9 所示。

表 6.8　天津超精细条带模式（3 m）数据情况表

项目	说明
实验数据名称	GF3_SAY_UFS_002868_E117.6_N39.1_20170224_L1A_DH_L10002205788
雷达工作模式	超精细条带模式
影像分辨率/m	3
数据获取时间	2017-02-24
数据覆盖地区	天津
数据覆盖面积/km²	1 896.7

表 6.9　天津超精细条带模式（3 m）单景定向精度表

产品	控制点	检查点	控制点精度/像素			检查点精度/像素		
			x	y	平面	x	y	平面
天津超精细条带模式	0	12	—	—	—	12.546	6.806	14.273
	4	8	0.546	0.393	0.672	1.125	0.971	1.486
	12	0	0.687	0.781	1.040	—	—	—

根据表 6.9 和图 6.14 可得：聚束模式无控条件下，检查点的定位精度为 14.273 个像素，即无控定位约为 42 m，从 0 控制点的残差图也可以看出明显的系统误差；在 4 角布设控制点的情况下，检查点的中误差为 1.486 个像素。基于高精度控制点消除超精细条带模式影像的系统残差，实现定向精度得到显著提升。利用四控定向后的 RPC 参数进行高分三号影像正射纠正，通过高精度控制数据选取检查点进行几何定位精度评估，根据表 6.10 可得，在正射纠正后的聚束模式影像上采集了 11 个检查点，检查点中误差为 4.818 m。

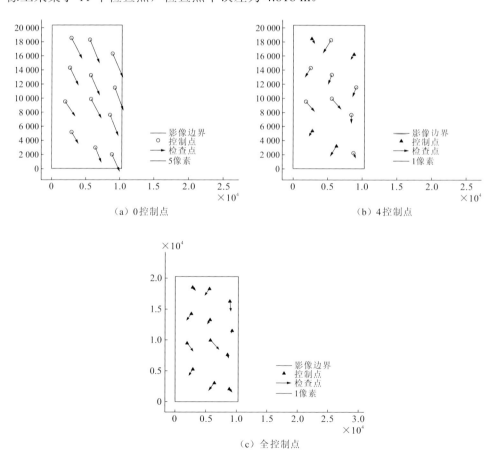

（a）0 控制点　　　　　　　　　　　　（b）4 控制点

（c）全控制点

图 6.14　高分三号天津超精细条带模式单景定向残差图

表 6.10　天津超精细条带模式（3 m）单景定位精度表

编号	检查点平面坐标/m		正射影像坐标/m		差值/m		
	X	Y	X′	Y′	DX	DY	平面
1	387 378.015 3	117 374.969 3	387 380.404 4	117 379.203 7	−2.389	−4.234	4.862
2	448 106.041	109 626.192	448 104.161 2	109 622.307 7	1.880	3.884	4.315
3	495 954.018	115 206.164 2	495 950.681 1	115 209.879 6	3.337	−3.715	4.994
4	370 679.298 2	156 315.745 8	370 675.827 4	156 319.281 4	3.471	−3.536	4.955
5	433 763.856 8	151 199.757 2	433 767.465	151 196.732 9	−3.608	3.024	4.708
6	489 174.417 9	150 973.872 2	489 178.084	150 970.495 2	−3.666	3.377	4.984
7	490 789.189 6	193 223.564 9	490 786.567 9	193 220.074 9	2.622	3.490	4.365
8	373 931.743 1	190 950.977 9	373 927.397 2	190 953.358 2	4.346	−2.380	4.955
9	399 117.945 7	234 997.064 1	399 113.928 1	235 000.069 6	4.018	−3.006	5.017
10	464 401.831 6	226 495.844 8	464 397.729 5	226 493.415 2	4.102	2.430	4.768
11	356 066.967 7	236 450.053 5	356 062.746 7	236 447.357 9	4.221	2.696	5.008
中误差（1σ）					±3.508	±3.301	±4.818

3）精细条带 1 模式

基于高精度控制数据，分别统计嵩山精细条带 1 模式（表 6.11）获取的高分三号影像在不同控制点情况单景影像的定向精度，如表 6.12 所示。

表 6.11　嵩山精细条带 1 模式（5 m）数据情况表

项目	说明
实验数据名称	GF3_MYN_FSI_002054_E113.6_N34.4_20161230_L1A_HHHV_L10002080845
雷达工作模式	精细条带 1 模式
影像分辨率/m	5
数据获取时间	2016-12-30
数据覆盖地区	嵩山
数据覆盖面积/km²	9 234.7

表 6.12　嵩山精细条带 1 模式（5 m）单景定向精度表

产品	控制点	检查点	控制点精度/像素			检查点精度/像素		
			x	y	平面	x	y	平面
嵩山精细条带 1 模式	0	8	—	—	—	10.985	4.701	11.948
	4	4	1.329	0.338	1.371	1.036	0.758	1.283
	8	0	1.115	0.476	1.213	—	—	—

根据表 6.12 和图 6.15 可得：精细条带 1 模式无控条件下，检查点的定位精度为 11.948 个像素，即无控定位约为 60 m，从 0 控制点的残差图也可以看出明显的系统误差；在 4 角布设控制点的情况下，检查点的中误差为 1.283 个像素。基于高精度控制点消除超精细条带模式影像的系统残差，实现定向精度得到显著提升。利用四控定向后的 RPC 参数进行高分三号影像正射纠正，通过高精度控制数据选取检查点进行几何定位精度评估，根据表 6.13 可得，在正射纠正后的聚束模式影像上采集 9 个检查点，检查点中误差为 6.250 m。

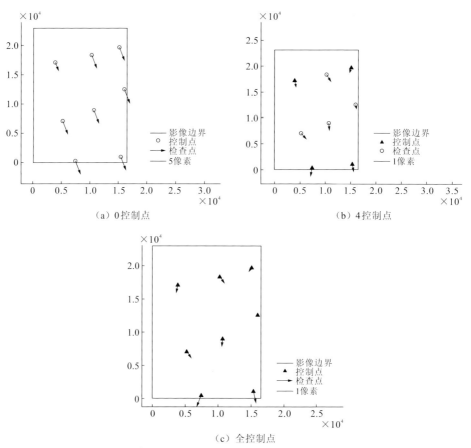

（a）0 控制点　　　　　　　　　（b）4 控制点

（c）全控制点

图 6.15　高分三号嵩山精细条带 1 模式单景定向残差图

表 6.13　嵩山精细条带 1 模式（5 m）单景定位精度表

编号	检查点平面坐标/m		正射影像坐标/m		差值/m		
	X	Y	X'	Y'	DX	DY	平面
1	61 351.996 7	69 908.510 6	61 344.548	69 911.572 2	7.449	−3.062	8.053
2	11 452.405 4	76 082.505 6	11 451.296 1	76 082.338 9	1.109	0.167	1.122
3	5 435.721	165 035.843 9	5 430.169 9	165 040.116 2	5.551	−4.272	7.005
4	78 110.328 9	164 420.057 3	78 109.743 3	164 418.758 7	0.586	1.299	1.425
5	3 932.996 8	112 606.403 7	3 926.715 7	112 611.748	6.281	−5.344	8.247
7	40 309.218 9	115 550.626 6	40 316.175 5	115 546.345 6	−6.957	4.281	8.168
8	46 570.592 1	163 527.086 4	46 576.26 5	163 522.163 6	−5.673	4 .923	7.511
9	76 556.237	127 419.655 6	76 554.981 8	127 421.283 7	1.255	−1.628	2.056
中误差（1σ）					±5.117	±3.590	±6.250
3σ					10.686 m（约 2.137 个像素）		

4）全极化条带 1 模式

基于高精度控制数据，分别统计天津全极化条带 1 模式（表 6.14）获取的高分三号影像在不同控制点情况单景影像的定向精度，如表 6.15 所示。

表 6.14　天津全极化条带 1 模式（8 m）数据情况表

项目	说明
实验数据名称	GF3_MYN_QPSI_003358_E117.2_N39.2_20170330_L1A_AHV_L10002274735
雷达工作模式	全极化条带 1 模式
影像分辨率/m	8
数据获取时间	2017-03-30
数据覆盖地区	天津
数据覆盖面积/km²	3 215.1

表 6.15　天津全极化条带 1 模式（8 m）单景定向精度表

产品	控制点	检查点	控制点精度/像素			检查点精度/像素		
			x	y	平面	x	y	平面
天津全极化条带 1 模式	0	9	—	—	—	8.188	1.938	8.414
	4	5	0.146	0.322	0.353	0.451	0.512	0.682
	9	0	0.314	0.405	0.513	—	—	—

根据表 6.15 和图 6.16 可得：全极化条带 1 模式无控条件下，检查点的定位精度为 8.414 个像素，即无控定位约为 67 m，从 0 控制点的残差图也可以看出明显的系统误差；在 4 角布设控制点的情况下，检查点的中误差为 0.682 个像素。基于高精度控制点消除超精细条带模式影像的系统残差，实现定向精度得到显著提升。利用四控定向后的 RPC 参数进行高分三号影像正射纠正，通过高精度控制数据选取检查点进行几何定位精度评估，根据表 6.16 可得，在正射纠正后的聚束模式影像上采集 12 个检查点，检查点中误差为 6.761 m。

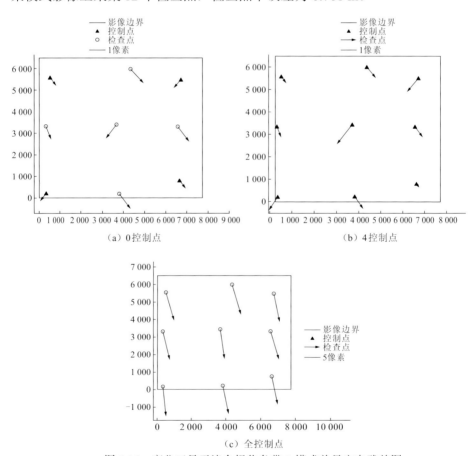

图 6.16　高分三号天津全极化条带 1 模式单景定向残差图

表 6.16 天津全极化条带 1 模式（8 m）单景定位精度表

编号	检查点平面坐标/m		正射影像坐标/m		差值/m		
	X	Y	X'	Y'	DX	DY	平面
1	121 338.640 4	173 328.876 1	121 342.271 7	173 325.823 6	−3.631	3.053	4.744
2	267 758.054 3	209 696.397 4	267 763.264 3	209 700.976 2	−5.210	−4.579	6.936
3	296 694.257	71 295.909	296 698.835 8	71 300.487 8	−4.579	−4.579	6.475
4	147 732.108 1	52 620.695 4	147 735.215 4	52 622.221 6	−3.107	−1.526	3.462
5	287 416.174	129 369.779 6	287 421.382 8	129 364.148 4	−5.209	5.631	7.671
6	138 388.396 2	107 999.205 7	138 396.027 5	108 003.784 5	−7.631	−4.579	8.900
7	207 376.491 5	115 210.744 2	207 371.228 9	115 204.060 4	5.263	6.684	8.507
8	206 651.522	47 484.859	206 656.100 7	47 483.332 7	−4.579	1.526	4.826
9	184 687.236 3	197 094.138 6	184 692.92	197 098.717 3	−5.684	−4.579	7.299
中误差（1σ）					±5.134	±4.399	±6.761
3σ					8.354 m（约 1.044 个像素）		

5）标准条带模式

基于高精度控制数据，分别统计嵩山标准条带模式（表 6.17）获取的高分三号影像在不同控制点情况单景影像的定向精度，如表 6.18 所示。

表 6.17 嵩山标准条带模式（25 m）数据情况表

项目	说明
实验数据名称	GF3_MDJ_SS_002443_E113.7_N34.1_20170126_L1A_HHHV_L10002147692
雷达工作模式	标准条带
影像分辨率/m	25 m
数据获取时间	2017-01-26
数据覆盖地区	嵩山
数据覆盖面积/km^2	521 350.3

表 6.18　嵩山标准条带模式（25 m）单景定向精度表

产品	控制点	检查点	控制点精度/像素			检查点精度/像素		
			x	y	平面	x	y	平面
	0	12	—	—	—	17.281	2.558	17.470
嵩山标准条带模式	4	8	0.923	0.107	0.929	0.704	0.670	0.972
	12	0	0.746	0.504	0.900	—	—	—

根据表 6.18 和图 6.17 可得：标准条带模式无控条件下，检查点的定位精度为 17.470 个像素，即无控定位约为 436 m，从 0 控制点的残差图也可以看出明显的系统误差；在 4 角布设控制点的情况下，检查点的中误差为 0.972 个像素。基于高精度控制点消除超精细条带模式影像的系统残差，实现定向精度得到显著提升。利用四控定向后的 RPC 参数进行高分三号影像正射纠正，通过高精度控制数据选取检查点进行几何定位精度评估，根据表 6.19 可得，在正射纠正后的聚束模式影像上采集 12 个检查点，检查点中误差为 22.910 m。

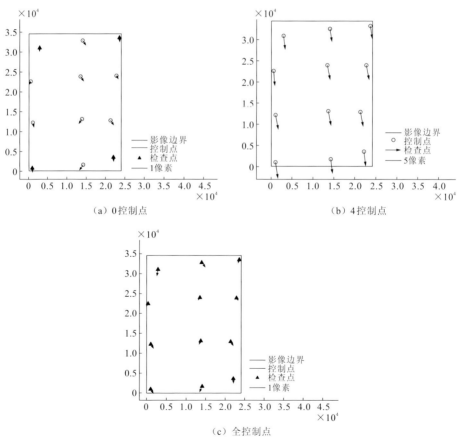

（a）0 控制点　　　　　　　　　（b）4 控制点

（c）全控制点

图 6.17　高分三号嵩山标准条带模式单景定向残差图

表 6.19　嵩山标准条带模式（25 m）单景定位精度表

| 编号 | 检查点平面坐标/m | | 正射影像坐标/m | | 差值/m | | |
	X	Y	X'	Y'	DX	DY	平面
32301	223 950.47	3 705 556.34	223 971.97	3 705 567.3	−21.5	−10.96	24.132
32302	275 892.46	3 711 104.47	275 887.26	3 711 128.2	5.2	−23.73	24.293
32303	709 088.65	3 697 105.20	709 075.38	3 697 084.84	13.27	20.36	24.303
32304	263 949.57	3 755 701.31	263 932.93	3 755 688.9	16.64	12.41	20.758
32305	768 830.51	3 746 945.10	768 839.85	3 746 956.69	−9.34	−11.59	14.885
32306	680 170.03	3 732 419.60	680 182.69	3 732 399.24	−12.66	20.36	23.976
32307	673 508.62	3 782 470.3	673 524.89	3 782 472.04	−16.27	−1.74	16.363
32308	758 542.54	3 798 461.9	758 536.57	3 798 485.38	5.97	−23.48	24.227
32309	246 691.02	3 807 884.31	246 685.7	3 807 859.92	5.32	24.39	24.964
32310	242 767.38	3 853 070.02	242 786.11	3 853 054.42	−18.73	15.6	24.376
32311	747 864.67	3 853 422.05	747 881.83	3 853 440.06	−17.16	−18.01	24.876
32312	659 832.64	3 836 690.11	659 848.01	3 836 709.64	−15.37	−19.53	24.853
中误差（1σ）					±14.142	±18.025	±22.910

3. 效率评估

对以上 5 种模式的高分三号卫星影像进行 CPU/GPU 协同处理，所用机器硬件设备情况、处理时间、达到的效率如表 6.20 所示。

表 6.20　软硬件环境

配置项	参数
操作系统	Win10 64
集成环境	VS2017
CUDA 环境	CUDA10.0
CPU	Intel（R）Core（TM）i7-10875H CPU@2.30G，内存 16G
GPU	NVIDIA GeForce RTX2070，流处理器 2 560 个，显存类型 16 276 MB，内存数据速率 14.00 Gbps

针对不同模式的 SAR 影像数据正射纠正后处理实验，分别统计单景影像的处理效率，统计结果如表 6.21 所示。

表 6.21　GPU 算法效率统计

序号	成像模式	测区位置	校正后影像大小/ MB	CPU		GPU	
				时间/s	效率/（MB/s）	时间/s	效率/（MB/s）
1	聚束模式	太原	414	172	2.42	10	40.2
2	超精细条带模式	天津	1 648.64	1 420	1.16	30	54.9
3	精细条带 1 模式	嵩山	1 935.36	1 698	1.14	26	73.0
4	全极化条带 1 模式	天津	236	101	2.33	7	34.4
5	标准条带模式	嵩山	932	504	1.85	15	62.0

根据不同模式的 SAR 影像正射纠正处理结果可得，在 GPU 加速后影像的处理速度得到明显提升，为后续的全球海量数据的正射影像生产提供了保障。

6.5.2　基于叠掩补偿的星载 SAR 正射纠正实验

选取高分三号全极化条带模式 1 拍摄的区域 SAR 影像，区域影像范围东西方向 109.6°～110.1°，南北方向 29.9°～31.1°，位于湖北省北部恩施市建始县，主要为山区，高程范围为 120～2 010 m。实验区域包含 5 景降轨全覆盖影像和 5 景升轨影像，轨道数为 4。测区影像分布如图 6.18 所示。数据 3 用于基于叠掩补偿的 SAR DOM 生成实验。

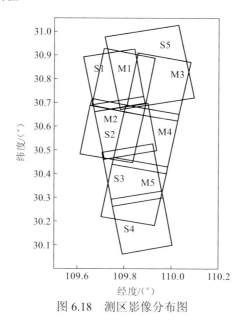

图 6.18　测区影像分布图

影像{M1、M2、M3、M4、M5}代表降轨影像；影像{S1、S2、S3、S4、S5}代表升轨影像。影像获取时间跨度为 2017 年 5 月至 2017 年 11 月，间隔为半年时间，各景影像获取时间如表 6.22 所示。

表 6.22　影像获取时间表

影像号	拍摄时间
M1、M2	2017-11-02
M3、M4、M5	2017-10-04
S1、S2、S3、S4	2017-07-11
S5	2017-05-31

利用提出的基于叠掩补偿的 SAR DOM 制作方法流程，首先对影像集进行预处理，包括主副影像选取与映射集合的构建；然后进行几何处理，在生成叠掩掩膜后，对纠正后的主影像进行补偿。降轨影像集{M1、M2、M3、M4、M5}覆盖整个区域，按照 6.2 节介绍的区域主副影像集选取原则，将降轨影像集作为主影像集；同时，升轨影像集{S1、S2、S3、S4、S5}由于部分覆盖影像区域，判定为副影像集。

当主副影像集确定后，构建主副影像映射集合。首先计算主影像集中每景影像与副影像集中所有影像的重叠度，表 6.23 为重叠度计算结果。

表 6.23　升降轨影像集重叠度表

主影像标号	副影像重叠度
M1	S1（77%），S2（17%），S3（0%），S4（0%），S5（64%）
M2	S1（9%），S2（71%），S3（12%），S4（0%），S5（2%）
M3	S1（12%），S2（11%），S3（0%），S4（0%），S5（77%）
M4	S1（0%），S2（46%），S3（27%），S4（0%），S5（0%）
M5	S1（0%），S2（0%），S3（61%），S4（37%），S5（0%）

由 6.2 节中理论构建初始映射集合，经过重叠度阈值筛选，映射子集排序后，主副影像映射集合表示为

$$\text{MAP} = \left\{ \{S_{S1}^{77\%}, S_{S5}^{64\%}\}_{M_{M1}}^{\text{sort}}, \{S_{S2}^{71\%}\}_{M_{M2}}^{\text{sort}}, \{S_{S5}^{77\%}\}_{M_{M3}}^{\text{sort}}, \{S_{S2}^{46\%}, S_{S3}^{27\%}\}_{M_{M4}}^{\text{sort}}, \{S_{S3}^{61\%}, S_{S4}^{37\%}\}_{M_{M5}}^{\text{sort}} \right\}$$

主副影像集分别记为{M1、M2、M3、M4、M5}rectified 与{S1、S2、S3、S4、S5}rectified，按照映射集合 MAP 对纠正后的主影像集{M1、M2、M3、M4、M5}rectified 进行自动补偿。

区别于未进行补偿的主影像集，经过补偿的主影像集重新记为{M1、M2、M3、M4、M5}compensation，对补偿后的主影像集进行匀色镶嵌处理，获得经过叠掩补偿后的 SAR DOM；为了直观比较本章方法在考虑叠掩现象造成影像上地表物体解译困难、纹理缺失等问题，将未进行叠掩补偿的正射纠正主影像集{M1、M2、M3、M4、M5}rectified 进行镶嵌操作，生成未进行叠掩补偿的 SAR DOM，并与进行补偿操作生成的 SAR DOM 进行对比，如图 6.19 所示，图 6.19（a）为未进行叠掩补偿生成的 SAR DOM，图 6.19（b）为采用本章方法进行叠掩补偿后生成的 SAR DOM。图 6.20 为补偿后的 SAR DOM 与光学 DOM 的卷帘图。

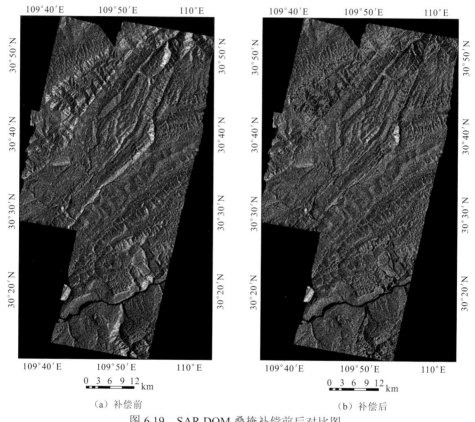

（a）补偿前　　　　　　　　　　　（b）补偿后

图 6.19　SAR DOM 叠掩补偿前后对比图

SAR 侧视成像的特点在地形起伏较大的区域，可能会导致在单个分辨率单元内整合具有相同范围和多普勒频率的多个信号，该区域由于能量的叠加，其灰度值相对来说较大，在影像上表现为高亮区域。在进行正射纠正后，物方多个分辨率单元重采样的像素值来自同一个像方单元，高亮部分进一步扩大。在正射影像上，高亮部分一般对应叠掩部分。在图 6.20（a）中，SAR DOM 上分布较多的高亮部分，在对进行镶嵌的单景正射影像分别进行补偿后，生成补偿后的 SAR DOM，如图 6.20（b）所示，图上高亮部分显著减少，叠掩部分得到有效补偿。

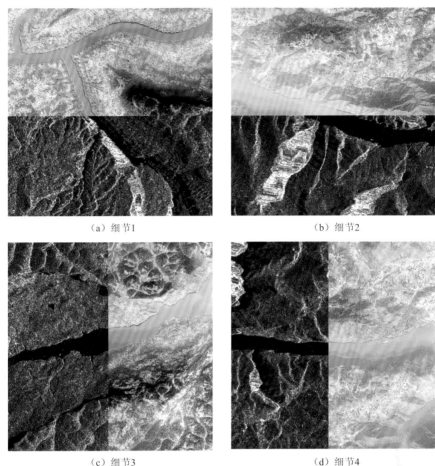

（a）细节1　　　　　　　　　　　（b）细节2

（c）细节3　　　　　　　　　　　（d）细节4

图 6.20　补偿后 DOM 与光学 DOM 卷帘图

分别统计图 6.19（a）与图 6.19（b）中的叠掩像素个数，补偿前的区域 DOM 中叠掩像素个数为 6 959 656［图 6.19（a）］，补偿后的 SAR DOM 中叠掩像素个数为 1 080 303［图 6.19（b）］，补偿 5 879 353 个，即 SAR DOM 中 84.5%的叠掩像素被有效补偿。图 6.21 为补偿前后的区域叠掩掩膜图。观察可得，补偿后剩余的叠掩区域较少［图 6.21（b）］。部分像素未补偿的原因是该区域没有对应的副影像覆盖或者并非副影像上像素都满足补偿关系。

图 6.22 为区域 DOM 进行叠掩补偿前后的局部对比图。图 6.22（a）、（b）与（c）为补偿前局部细节图，图 6.22（d）、（e）与（f）对应图 6.22（a）、（b）与（c）补偿后局部细节图。补偿前白色高亮部分掩盖了真实地表覆盖情况，补偿后该部分被有效像素替代后，地物纹理结构清晰，影像质量明显提升。

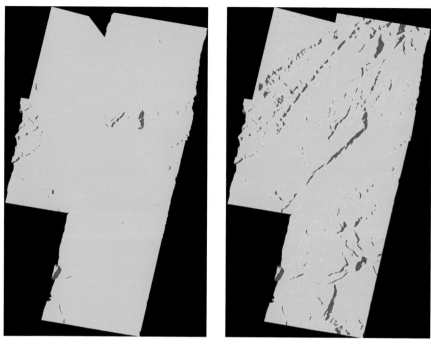

（a）补偿前 （b）补偿后

图 6.21 区域叠掩掩膜补偿前后对比图

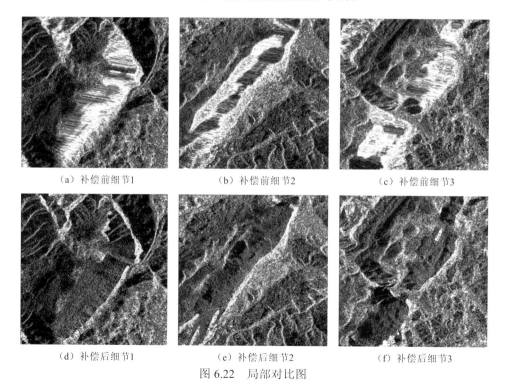

（a）补偿前细节1 （b）补偿前细节2 （c）补偿前细节3

（d）补偿后细节1 （e）补偿后细节2 （f）补偿后细节3

图 6.22 局部对比图

6.5.3 全球星载 SAR 正射影像生成及精度验证

1. 全球 SAR 一张图生产

2019～2021 年,武汉大学牵头制作了高分三号 10 m 分辨率影像全球一张图(图 6.23)。针对全球陆地区域的 19 837 景精细条带 2 模式的 SAR 影像数据进行大区域正射纠正处理实验,基于完成区域网平差后更新的 RPC 定位模型,采用 GPU 的快速正射纠正完成海量数据生产任务。截至 2021 年 4 月,完成了全球覆盖的 SAR 基准图,下一步将进一步对漏洞区域进行补充。图 6.24 为 10 m 分辨率局部区域正射影像图。

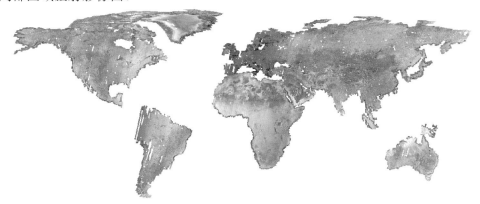

图 6.23 10 m 分辨率全球 SAR 一张图

(a)天津海滨 　　　　　　　　　　　(b)北京首都国际机场

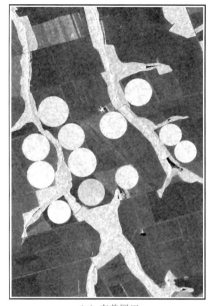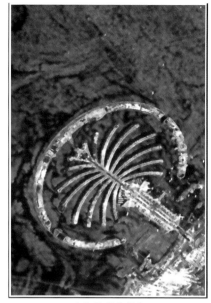

（c）南美圆田　　　　　　　　　　　　　　（d）迪拜棕榈岛

图 6.24　10 m 分辨率局部区域正射影像图

2. 精度验证

1）第三方机构几何精度评估

通过现有的 GNSS 控制数据或高精度 DOM 成果数据对制作完成的正射影像成果进行精度验证，采用随机读点法进行检验，即在纠正后的影像上均匀选择若干个特征点，读出其坐标值，然后与控制数据上对应点的坐标进行比较，计算其较差的中误差。要求点位分布均匀，兼顾平原、丘陵和山地等不同地形条件。DOM 精度评定公式为

$$\mathrm{rms} = \sqrt{\dfrac{\sum\limits_{i=1}^{n}(u_i - v_i)^2}{n}} \tag{6.20}$$

式中：rms 为点位中误差；n 为检查点个数；u 为 DOM 影像上检查点的 x、y 坐标；v 为 GPS 外业检查点的 x、y 坐标。基于《测绘成果质量检查与验收》（GB/T 24356—2009），以中国陆地区域和日本地区的精度验证为例说明。

自然资源部第四地形测量队（黑龙江第三测绘工程院）2019 年 1 月 8 日对高分三号全国一张图进行了精度验证，基于 DOM 基准数据，在全国陆地范围内均匀选取了 273 个地面检查点（图 6.25），用来检测 SAR 全国一张图精度情况（Wang et al.，2022）。本次检测最大误差为 24.67 m，最小误差为 0.48 m，X 方向中误差为 6.15 m，Y 方向中误差为 5.15 m，总体中误差达到 8.01 m，成果绝对定位精度优于 1 个像素。

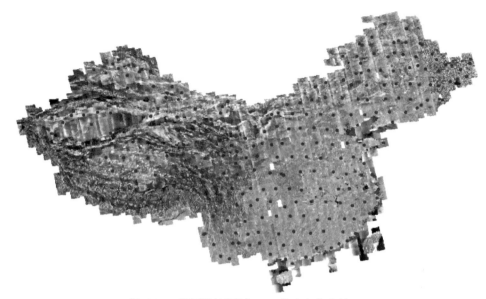

图 6.25　我国陆地区域 SAR 检查点分布情况

辽宁宏图创展测绘勘察有限公司 2021 年 4 月 10 日对高分三号日本一张图产品进行了精度评估（图 6.26）。基于 DOM 基准数据均匀选择 100 个地面检查点，用来检测 SAR 日本一张图精度情况。本次检测最大误差为 16.992 m，最小误差为 0.978 m，总体中误差达到 9.739 m，成果绝对定位精度优于 1 个像素。

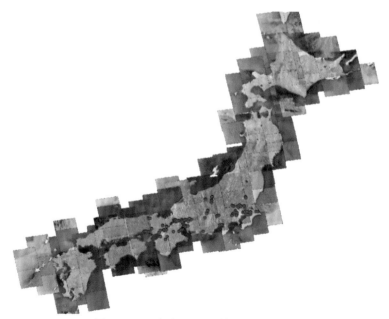

图 6.26　日本地区 SAR 检查点分布情况

2）基于 Google Earth 影像几何精度评估

为了初步评估全球 SAR 基准图产品的定位精度，针对全球覆盖，在 Google Earth 影像上选取 1 200 个点，分别评估其平地、丘陵、山地、高原等不同地形条件（高程小于 200 m 的为平地，高程大于 200 m 并小于 500 m 为丘陵，高程大于 500 m 并小于 3 500 m 为山地，高程大于 3 500 m 为高原）下的绝对定位精度。图 6.27 所示为不同地形下的检查点分布情况。

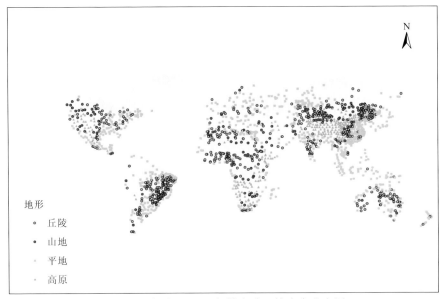

图 6.27　全球 SAR 几何精度验证检查点分布图

基于 Google Earth 影像对全球 SAR 基准图产品进行精度评估，平地地区检查点中误差为 22.34 m，丘陵地区检查点中误差为 18.81 m、山地地区检查点中误差为 21.48 m、高原地区检查点中误差为 21.51 m。

参 考 文 献

程前，王华斌，汪韬阳，等，2019. 基于 RFM 模型的叠掩区域定位方法. 航天返回与遥感, 40(5): 95-105.

黄志杨，曹永锋，2015. 基于影像模拟的多山地区 SAR 影像正射校正. 现代计算机(24): 21-25.

张过，2005. 缺少控制点的高分辨率卫星遥感影像几何纠正. 武汉: 武汉大学.

张过，费文波，李贞，等，2010. 用 RPC 替代星载 SAR 严密成像几何模型的实验与分析. 测绘学报, 39(3): 264-270.

DELLINGER F, DELON J, GOUSSEAU Y, et al., 2015. SAR-SIFT: A SIFT-like algorithm for sar images. IEEE Transactions on Geoscience and Remote Sensing, 53(1): 453-466.

LU Z, BALZ T, LIAO M S, 2012. Satellite SAR geocoding with refined RPC model. ISPRS Journal of Photogrammetry and Remote Sensing, 69: 37-49.

WANG T Y, ZHANG G, YU L, et al., 2017. Multi-Mode GF-3 satellite image geometric accuracy verification using the RPC model. Sensors, 17(9): 2005-2017.

WANG T Y, ZHANG G, LI D R, et al., 2018. Planar block adjustment and orthorectification of Chinese spaceborne SAR YG-5 imagery based on RPC. International Journal of Remote Sensing, 39(3): 640-654.

WANG T Y, LI X, ZHANG G, et al., 2022. Large-scale orthorectification of GF-3 SAR images without ground control points for China's land area. IEEE Transactions on Geoscience and Remote Sensing, Doi: 10.1109/TGRS.2022.3142372.

XIANG Y, WANG F, YOU H, 2018. An automatic and novel SAR image registration algorithm: A case study of the Chinese GF-3 satellite. Sensors, 18(2): 672.

ZHANG G, ZHU X Y, 2008. A study of the RPC model of TerraSAR-X and COSMO-SKYMED SAR imagery. The International Archives of the Photogrammetry, Remote Sensing and Spatial Information Sciences, 37: 321-324.

ZHANG G, FEI W B, LI Z, et al., 2010a. Analysis and Test of the Substitutability of the RPC model for the Rigorous Sensor Model of Spaceborne SAR Imagery. Acta Geodaetica et Cartographica Sinica, 39: 264-270.

ZHANG G, FEI W B, LI Z, et al., 2010b. Evaluation of the RPC model for spaceborne SAR imagery. Photogrammetric Engineering and Remote Sensing, 76: 727-733.

ZHANG G, WU Q W, WANG T Y, et al., 2018. Block adjustment without GCPs for Chinese spaceborne SAR GF-3 imagery. Sensors, 18(11): 4023-4038.

第 7 章　星载 SAR 影像强度
一致性处理与镶嵌

　　大范围 SAR 影像的应用研究往往需要多张 SAR 影像合成，受辐射定标误差、系统稳定性、季节差异等因素影响，不同 SAR 影像之间可能存在强度差异，造成镶嵌后 SAR 影像的辐射连续性较差，对影像的使用产生了严重干扰（Freeman，1992）。本章介绍全球 SAR 影像制图过程中 SAR 影像强度一致性处理和镶嵌工艺流程。

　　本章提出一种大范围 SAR 影像强度信息一致性处理算法。首先生成覆盖研究区域的低分辨率强度基准底图，然后利用低分辨率强度基准底图对高分辨率源影像进行强度校正，最后利用经典的羽化镶嵌算法对强度校正后的影像进行镶嵌合成。实验结果表明镶嵌得到的 SAR 影像整体视觉效果良好，影像接边处强度过渡平滑，SAR 影像的强度分布与实际地物空间分布的一致性较高，影像重叠区域的统计结果良好。

7.1　大范围 SAR 影像强度一致性处理算法

　　设计一种两级递进 SAR 影像强度一致性处理算法。如图 7.1 所示，首先，对源影像进行降采样处理，通过随机交叉强度观测算法对镶嵌区域各影像增益改正

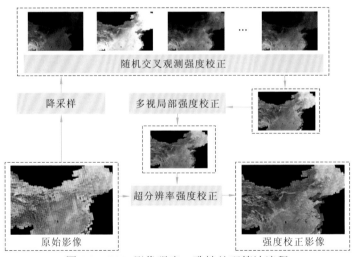

图 7.1　SAR 影像强度一致性处理算法流程

系数精确估计；其次，利用影像重叠区域进行强度补偿，生成覆盖镶嵌区域的低分辨率强度基准底图；最后，构建局部独立线性模型，利用低分辨率强度基准底图对源影像进行强度校正。

7.1.1 随机交叉观测 SAR 影像强度校正

1. 影像降采样

随着 SAR 影像分辨率的提高，单张影像往往占有较大的存储空间，直接对源影像进行强度校正计算量巨大。影像的整体强度特征不会因为观测尺度的变化而改变，基于此，本小节对源影像进行降采样，利用降采样影像计算研究区域各影像的增益改正系数。为避免影像中噪声的干扰，这里采取局部取均值的方式对源影像进行降采样处理，公式如下：

$$I_{\text{srcdown}}(m,n) = \frac{1}{R^2} \sum_{i=0}^{R} \sum_{j=0}^{R} I_{\text{src}}(i,j) \tag{7.1}$$

式中：$I_{\text{src}}(i,j)$ 为源影像的像素值；R 为降采样间隔；$I_{\text{srcdown}}(m,n)$ 为降采样后影像的像素值。如图 7.2 所示，例如源影像为 5 m 采样分辨率 SAR 影像，大小为 40 408×34 478 像素，这里将其降采样为 202×172 像素。

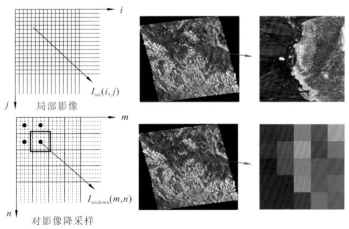

图 7.2　对 SAR 影像降采样示意图

2. 构建 SAR 影像相对辐射关系

在星载 SAR 系统中，从发射信号到影像生成整个过程中存在的多种不确定因素会引起信号失真，主要包括以下几类误差。

（1）信号增益误差。雷达发射波与回波经过大气层（包括电离层）传播后其电磁参数会发生改变，如幅度衰减、群延迟、极化方向改变。

（2）天线方向图误差。由卫星平台横滚造成的天线方向图变化称为天线方向图误差。

（3）成像处理器增益误差。成像处理器对回波信号的多普勒中心频率和调频率估计的误差，以及信号处理中的量化误差也会引起成像处理器增益误差。

（4）系统稳定性误差。受系统老化、环境温度变化等因素干扰，发射机、接收机的性能会发生变化。

在不考虑噪声的条件下，SAR 影像辐射目标像素功率 P_r 与其散射系数 σ^0 之间的关系可表示为

$$P_r = \frac{P_t G_r G_\Theta^2 \lambda^2 \sigma^0}{(4\pi)^3 R^4} = K\sigma^0 \qquad （7.2）$$

式中：$K = \dfrac{P_t G_r G_\Theta^2 \lambda^2}{(4\pi)^3 R^4}$；$P_t$ 为发射功率；G_r 为接收增益；G_Θ^2 为天线方向图增益；Θ 为入射角；λ 为波长；R 为斜距；σ^0 为影像地物的后向散射系数。

SAR 影像中对给定的像元 i，其像素 DN_i 值，正比于接收功率的平方根：

$$DN_i = k\sqrt{P_i} = \sqrt{k^2 K \sigma_i^0} \qquad （7.3）$$

式中：比例因子 k 由接收功率和影像拉伸系数共同决定，因此对相邻的影像 A 和影像 B，有

$$DN_A = \sqrt{k_A^2 K_A \sigma_A^0} \qquad （7.4）$$

$$DN_B = \sqrt{k_B^2 K_B \sigma_B^0} \qquad （7.5）$$

对于影像 A 和影像 B 的重叠区域，假设相同地物有相似的后向散射系数：

$$\sigma_A^0 = \sigma_B^0 \qquad （7.6）$$

根据式（7.6）有

$$\frac{DN_A}{DN_B} = \sqrt{\frac{k_A^2 K_A}{k_B^2 K_B}} = G_{AB} \qquad （7.7）$$

即不同影像之间主要的强度差异是由收发增益、天线方向图增益和成像处理增益等多种误差共同引起的增益误差，这里将其记为 G_{AB}。

经过几何校正的 SAR 影像都含有地理坐标，影像之间的空间相对位置已经确定。图 7.3 为相邻两张影像重叠区域像素 DN 值的对应关系，表现出明显的线性对应关系，个别远离趋势线的像素是由 SAR 影像特有的噪声、叠掩、阴影等造成的不同影像像素对应不准确引起的。考虑算法的鲁棒性，利用影像重叠区域全部像素参与计算影像之间的增益改正系数，建立相邻影像的辐射关系：

$$G_{AB} = \frac{\sum I_A(i,j)}{\sum I_B(i,j)} \qquad （7.8）$$

式中：G_{AB} 为 I_A 影像相对于 I_B 的增益改正系数；$I_A(i,j)$ 和 $I_B(i,j)$ 分别为 I_A、I_B 两张相邻影像重叠区域像素的 DN 值。

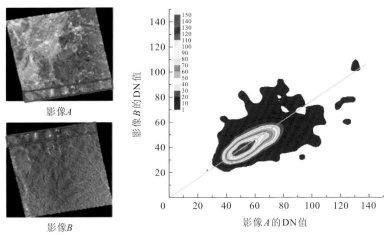

图 7.3　相邻图像（影像 A 和影像 B）重叠区域像素 DN 值的对应关系

3. 强度观测

　　定义以研究区域某幅影像为强度参考影像计算其他影像增益改正系数的过程为强度观测。图 7.4 为抽象得到的研究区域影像数据，假定为 $\{A, B, C, D, E\}$。蓝色实线连接表示影像之间有重叠区域，可以直接进行相对强度观测，红色虚线表示影像之间没有重叠区域不能直接进行相对强度量测。如图 7.4 所示，A 可以实现对 B、E 的强度观测，不能对 C、D 进行强度观测，但 E 可实现对 D 的强度观测，D 可以实现对 C 的强度观测，因此，A 可以间接实现对 D 和 C 的强度观测。

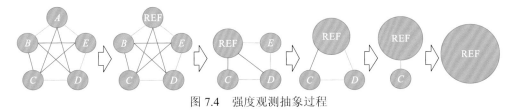

图 7.4　强度观测抽象过程

$A{\sim}E$ 是数据集中的影像

　　常见的相对强度校正只能实现影像对之间的相对量测，需要建立影像间复杂的拓扑关系。这里针对性地提出一种强度传递方法。随机选取一幅影像作为初始强度基准影像（reference，REF），这里假定选取了 A，将其作为 REF，按一定顺序对研究区域剩余影像进行强度观测，如图 7.4 所示，计算 B 相对于 REF 的增益改正系数，同时用该改正系数对影像 B 进行增益改正，理论上此时经过增益改正的影像 B 与 REF 有一致的强度特征，可将其视为一个整体，故将 B 与 REF 合并作为新的强度基准，继续对研究区域其他影像进行强度观测，直到完成对研究区域所有影像的强度观测，此时得到了所有影像的增益改正系数，强度观测完成。

对于一个覆盖研究区域的影像集，申请覆盖研究区域的内存，选取一幅 SAR
影像作为初始强度基准置于内存中，逐影像加入内存，利用待加入影像与强度基
准重叠区域计算待加入影像的增益改正系数，按式（7.8）计算得到的增益改正系
数对该影像进行增益改正，将经过增益改正后的影像直接加入内存对强度基准进
行更新。图 7.5 为强度观测过程示意图。

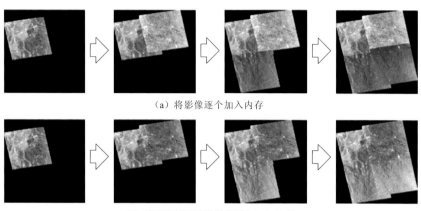

（a）将影像逐个加入内存

（b）将强度校正后的影像逐个加入内存

图 7.5　强度观测过程示意图

4. 动态构建强度传递路径

一般大范围正射影像的空间分布较为复杂，往往需要构建影像间复杂的拓扑
关系并且搜索最优的强度传递路径，通过减少强度传播次数的方式达到减小误差
累积的效果（Ibrahim et al.，2016；Pan et al.，2010）。

为防止构建固定网络可能存在的系统性误差，并且考虑强度观测过程的特点，
这里提出一种简单高效的强度传递序列构建方法。首先，计算研究区域所有影像
与初始强度基准影像之间的欧氏距离，根据欧氏距离由近到远构建初始的强度传
递顺序。其次，按初始顺序逐影像加入内存并且判断与内存中的强度基准是否有
重叠区域，如果没有重叠区域，则对下一幅影像进行判断，直到找到有重叠区域
的影像。图 7.6 为将影像 A 为初始强度基准影像构建强度传递路径的过程，该方
法可有效应对 "O" 或 "U" 字形影像分布。

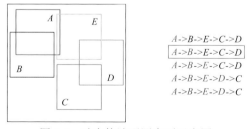

图 7.6　动态构造观测序列示意图

A～E 是数据集中的单个影像，A 作为初始参考影像

5. 随机交叉观测精确解算 SAR 影像增益改正系数

大范围 SAR 影像的时相和空间分布差异较大，受几何校正误差、地形强度校正误差、噪声等多种因素交叉干扰，可能会造成相邻影像重叠区域像素对应不精确，导致强度观测过程中新加入的影像增益改正系数计算不准确，并且这种误差会随着强度传递而累积，造成远离基准位置的 SAR 影像不能得到精确的强度校正。如图 7.7 所示，研究区域包含 1 500 幅 SAR 影像，这里统计将不同位置的影像作为初始强度基准影像，得到强度传递的结果，可以发现随着强度传播距离和传播次数的增加，远离起算位置影像的强度信息得不到控制，造成研究区域影像的强度分布不均匀。

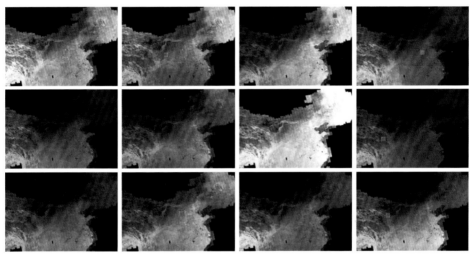

图 7.7　不同初始参考影像的强度观测结果

假设研究区有 M 幅影像，设为 $\{I_1, I_2, \cdots, I_M\}$。分别以影像 I_k 和 I_q 作为强度基准影像对研究区域其他 M-1 幅影像进行强度观测，在上述两次独立的强度观测事件中，分别实现了对研究区域中某幅不同于 I_k 和 I_q 的影像 I 进行强度观测，本节将上述两次强度观测事件称为对影像 I 的交叉强度观测。

如果对某幅影像进行了 N 次强度观测，则可以得到该影像的 N 个增益改正系数，将其视为该影像的增益改正系数样本集。由于强度观测过程中受多种随机性因素交叉干扰，如影像几何纠正误差、叠掩、入射角不同造成的像素对应误差等，可以认为样本集中的影像增益改正系数是包含了随机误差的独立随机序列，如下：

$$\xi_i = \mu + \varepsilon_i \tag{7.9}$$

式中：ξ_i 为该影像在第 i 次强度观测过程中的增益改正系数观测值；μ 为该影像对应的增益改正系数真值；ε_i 为第 i 次强度观测过程中的增益改正系数观测误差。

根据概率论中的大数定律，对于独立分布的随机序列 $\xi_1, \xi_2, \cdots, \xi_n$，只要总体

均值 μ 存在，那么样本均值 $\overline{\xi} = \dfrac{1}{n}\sum\limits_{i=1}^{n}\xi_i$ 会随着 n 增大收敛到 μ，即包含随机性误差的变量会随着样本数量的增加表现出稳定的统计特性。

为描述该随机强度观测过程中不同观测结果的统计联系，可将不同观测状态下得到的增益改正系数的分布函数视为有限维的分布函数族，记为

$$F(C_1,C_2,\cdots,C_n;G_1,G_2,\cdots,G_n) \tag{7.10}$$

式中：C_i 为第 i 次观测事件；G_i 为该观测事件得到的观测结果，随机观测函数包含更稳定的统计特性，即对观测集的统计平均：

$$\mu(P) = E(C(G)) \tag{7.11}$$

假设进行了 N 次随机独立强度观测，则研究区域每幅影像都得到了包含 N 个变量的增益改正系数样本集。实际计算中，为使影像的增益改正系数与强度基准影像本身的辐射质量无关，需要将每次独立强度观测计算得到的所有影像的增益改正系数规划到全局。假设研究区域总共包含 M 幅影像，进行了 N 次独立随机强度观测，则研究区域各影像的增益改正系数可由下式计算：

$$\mu^i = \frac{\sum\limits_{n=1}^{N}\dfrac{G_n^i}{\sum\limits_{i=1}^{M}G_n^i}}{N} \tag{7.12}$$

式中：G_n^i 为对研究区域内影像 i 进行第 n 次独立观测得到的观测值，该值受起算影像辐射强度影响；M 为研究区域影像总数量，$\dfrac{\sum\limits_{i=1}^{M}G_n^i}{M}$ 为在第 n 次强度观测中的研究区域所有影像增益均值，因此 $\dfrac{G_n^i}{\dfrac{\sum\limits_{i=1}^{M}G_n^i}{M}}$ 表示建立 G_n^i 与研究区域所有影像辐射质量的关系，排除起算影像辐射强度影响；N 为强度观测次数，即观测样本的数量；μ^i 为经过随机交叉观测改正后的影像增益改正系数。

为验证该策略的有效性，这里在实验区选取了三幅影像，统计其在不同随机交叉观测次数下的增益改正系数，如图 7.8 所示。可以发现随着随机观测次数的增加，影像的增益改正系数折线图波动范围逐渐减小并最终趋于稳定，当观测次数大于 200 次时，影像的增益改正系数基本不再改变，折线保持水平，这表明随着随机观测次数的增加，得到了更为稳定的增益改正系数，即测区影像得到了精确稳定的增益改正。

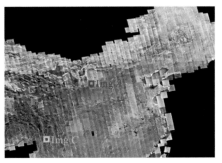

（a）影像空间分布

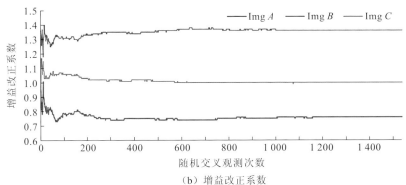

（b）增益改正系数

图 7.8　不同随机交叉观测次数下的图像增益改正系数

7.1.2　多视强度补偿

7.1.1 小节通过随机交叉观测方法实现了镶嵌区域 SAR 影像增益改正系数的精确估计，使研究区域各影像间建立了稳定的强度对应关系。但 SAR 影像距离向边缘表现出了较高的辐射亮度，如图 7.9（b）所示。这主要是由对 SAR 影像天线方向图校正的过程中影像距离向边缘的噪声被放大引起的。

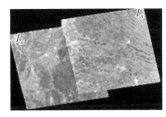　　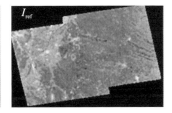

（a）原始影像　　　　（b）增益改正后影像叠加　　　（c）多视强度补偿后影像叠加

图 7.9　多视强度补偿示意图

一般认为 SAR 影像受均匀分布的加性噪声干扰，如下：

$$P_r = K\sigma^0 + P_n \tag{7.13}$$

式中：P_r 为接收功率；σ^0 为地物的后向散射系数；K 为比例系数；P_n 为噪声干扰，一般认为该噪声是服从高斯分布的加性噪声。

受天线方向图非均匀性影响，SAR 影像距离向两侧表现出较低的辐射强度，对 SAR 影像进行天线方向图增益改正的同时会造成距离向噪声放大，具体表现为影像距离向边缘部分的辐射强度高于其中心区域，这会造成镶嵌后的 SAR 影像表现出明显的边缘条带效应，图 7.9（b）为经过增益改正的影像叠加示意图。

研究区域内的 SAR 影像边缘一般有一定重叠区域，并且经过几何校正的 SAR 影像可保证相邻影像重叠区域像素的几何对应。因此，SAR 影像中位于影像边缘的辐射亮度较高的像素可能位于与其有重叠影像的中间区域并具有正常的强度 DN 值，基于此，本节提出利用研究区域其他影像像素强度正常的像素值校正该影像边缘的强度值。在生成强度基准底图的过程中，将经过精确增益改正的影像依次加入内存，对于影像与强度基准底图的重叠区域，判断对应像素的 DN 值，取像素 DN 值较小的像素加入内存，如下所示：

$$\begin{cases} I_{ref}(m,n) = I_{ref}(x,y), & I_{ref}(m,n) \leqslant \mu \cdot I_{srcdown}(x,y) \\ I_{ref}(m,n) = \mu \cdot I_{srcdown}(x,y), & I_{ref}(m,n) > \mu \cdot I_{srcdown}(x,y) \end{cases} \tag{7.14}$$

式中：$I_{srcdown}(x,y)$ 为采样后影像在 (x,y) 处的像素亮度值；μ 为影像对应的增益改正系数；$I_{ref}(m,n)$ 为与 $I_{srcdown}(x,y)$ 地理空间位置对应的强度基准底图中像素的 DN 值。图 7.9（c）为两幅相邻影像的多视强度补偿示意图。

利用该方法对研究区域内的增益校正 SAR 影像进行处理，如式（7.15）所示，可以生成覆盖研究区域的强度参考图。

$$I_{ref}(x,y) = f(I_1(x,y), I_2(x,y), \ldots, I_m(x,y)) \tag{7.15}$$

式中：$I_{ref}(x,y)$ 为强度参考图中的像素 DN 值；$I_m(x,y)$ 为研究区域内影像 m 的像素 DN 值。由此可以得到覆盖研究区域经过增益改正和局部强度改正的强度基准底图，如图 7.10 所示，整个强度基准底图强度过渡平滑，影像间距离向已不存在明显条带效应。

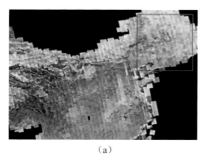 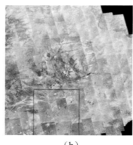 

（a） （b） （c）

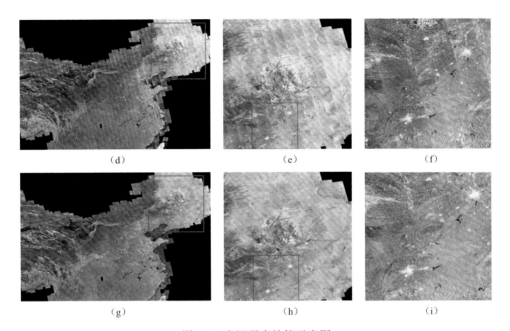

图 7.10 多视强度补偿示意图

（a）～（c）为降采样影像及其细节展示；（d）～（f）为增益校正后的影像及其细节展示；

（g）～（i）为强度基准底图及其细节

7.1.3　利用低分辨率强度基准底图对源影像强度校正

7.1.2 小节生成了覆盖研究区域的低分辨率强度基准底图，本小节提出利用低分辨率的强度基准底图对源影像进行强度校正，使之具有与基准底图一致的强度分布。过程主要包括降采样影像强度校正和构建局部独立线性模型两步，如图 7.11 所示。

1. 降采样影像强度校正

理想情况下，经过精确增益改正的影像，其重叠区域具有一致的辐射特性。但受几何校正误差、季节、入射角、噪声等因素影响，相同地物可能表现出不同的辐射特性，因此 7.1.2 小节生成的强度基准底图可能包含了不同的 SAR 影像辐射特性，对于单幅降采样影像，可能存在与对应区域强度基准底图纹理不一致的问题。如图 7.12 所示，由于季节性原因，湖面在夏季和冬季分别表现为液态和固态，生成的强度基准底图同时包含上述两种辐射特性，与单幅影像表现出不同的纹理结构。

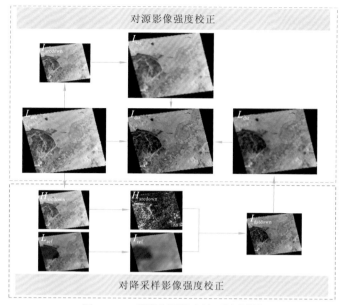

图 7.11　对源影像强度校正流程图

I_{src} 为源图像，$I_{srcdown}$ 为 I_{src} 的下采样图像，$H_{srcdown}$ 为 $I_{srcdown}$ 的高频信息，I_{ref} 为强度参考图中 $I_{srcdown}$ 的对应区域，L_{ref} 为 I_{ref} 的低频信息，$I_{dstdown}$ 为对 $I_{srcdown}$ 的强度校正结果，L_{src} 和 L_{dst} 分别为 $L_{srcdown}$ 和 $L_{dstdown}$ 双线性差分的结果，I_{dst} 为 I_{src} 的强度校正结果

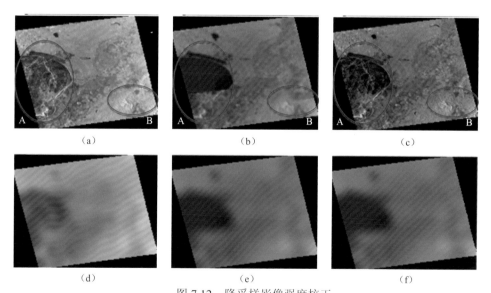

图 7.12　降采样影像强度校正

（a）为降采样 SAR 影像 $I_{srcdown}$；（b）为相应的强度参考图 I_{ref}；（c）为强度校正影像 $I_{dstdown}$；
（d）～（f）为 $I_{srcdown}$、I_{ref} 和 $I_{dstdown}$ 对应的低频信号

从频谱角度分析，影像可分解为高频和低频。高频信息是由灰度的尖锐过渡造成的，包括影像的粗糙纹理和边缘等；低频信息与影像缓慢变化的灰度分量有关，如影像的色调、背景等（Gonzalez et al.，1980），即影像的低频信息反映了其辐射强度空间分布。基于此，本小节提出将降采样影像的低频信息用与之对应的强度基准底图的低频信息替换，在保护降采样影像纹理的同时，使其表现出与对应强度基准底图同样的色调。

影像的高频和低频信息可用数学模型描述如下：

$$I = L + H \tag{7.16}$$

式中：I 为影像；L 和 H 分别为该影像的低频信息和高频信息，则降采样影像和对应区域的强度基准底图可分别表示为

$$I_{\text{srcdown}} = L_{\text{srcdown}} + H_{\text{srcdown}} \tag{7.17}$$

$$I_{\text{ref}} = L_{\text{ref}} + H_{\text{ref}} \tag{7.18}$$

对影像低通滤波可以分离影像的低频信息，本节采用高斯滤波分离影像的低频信息。相对其他滤波器，高斯滤波有其独特的优势：高斯滤波具有旋转不变性；高斯卷积核是线性核，并且是尺度变换唯一的变换核（Burt et al.，1987）。

如式（7.19）所示，分别提取 I_{srcdown} 的高频信息和 I_{ref} 的低频信息，二者相加得到强度映射后的降采样影像 I_{dstdown}，该影像可视为对源影像进行强度校正后的降采样结果。

$$I_{\text{dstdown}} = L_{\text{ref}} + H_{\text{srcdown}} \tag{7.19}$$

图 7.12 所示分别为降采样影像与对应区域强度基准底图，经本节算法处理后可以发现影像 I_{dstdown} 在具有 I_{srcdown} 高频信息的同时，其低频信息与 I_{ref} 完全拟合，局部表现出与强度基准底图一致的辐射强度。

如图 7.12（b）所示，细节 A 是一个湖泊，在冬季和夏季分别是固态和液态，在 SAR 影像中表现出不同的辐射特征。在细节 B 中，同一地物在不同季节的纹理是不同的。因此，在相邻影像的重叠区域，由多视点局部强度校正生成的强度参考图的纹理可以不同于单个 SAR 影像，如图 7.12（a）所示。经过本小节算法处理后，可以发现 I_{dstdown} 影像具有 I_{srcdown} 的高频信息，这意味着它与 I_{srcdown} 具有相同的纹理，并且其低频信息完全符合 I_{ref}。影像的局部区域显示出与强度参考图相似的强度分布。

2. 构建局部独立线性模型对源影像进行强度校正

对 SAR 强度影像的相对辐射校正中，可以认为不同影像之间像素灰度值整体满足线性关系：

$$I_{\text{dst}}(x, y) = a \times I_{\text{src}}(x, y) \tag{7.20}$$

式中：$I_{\text{dst}}(x, y)$ 和 $I_{\text{src}}(x, y)$ 分别为目标影像和源影像在 (x, y) 处的像素值；a 作为线性模型中的增益，通常是由两幅影像对应样本点的 DN 值确定（Zink et al.，1996）。

大范围的 SAR 影像往往包含多个季节的影像，不同地物在不同季节往往表现出不同的辐射特性，因此影像间整体构建的线性模型可能影像与各局部并不完全符合。基于此，本小节提出构建影像局部独立线性模型的方法，即影像不同区域分别构建不同的独立线性模型。对于影像的局部范围 R，可以认为该区域所有的像素都满足同一个线性模型，则有式（7.21），两边同时除以 R 区域像素个数，得

$$\sum_{x\in R}\sum_{y\in R} I_{\text{dst}}(x,y) = \sum_{x\in R}\sum_{y\in R}(a\times I_{\text{src}}(x,y)) \tag{7.21}$$

$$\overline{I_{\text{dst}}(x,y)} = a\times \overline{I_{\text{src}}(x,y)}, \ x\in R, y\in R \tag{7.22}$$

$$a = \frac{\overline{I_{\text{dst}}(x,y)}}{\overline{I_{\text{src}}(x,y)}}, \ x\in R, y\in R \tag{7.23}$$

式中：$\overline{I_{\text{dst}}(x,y)}$ 和 $\overline{I_{\text{src}}(x,y)}$ 分别为目标影像和源影像在对应区域 R 的 DN 均值。这里以对源影像降采样的分块间隔代表区域 R，则源影像在局部区域 R 的增益系数 a 可由 I_{srcdown} 和 I_{dstdown} 对应像素的 DN 值计算得到，由于降采样后 I_{srcdown} 的实际分辨率为 1 km，即本节对每平方千米的局部区域构建了独立的线性模型。

$$a = \frac{I_{\text{dstdown}}}{I_{\text{srcdown}}} \tag{7.24}$$

图 7.13（a）、（b）分别表示 I_{srcdown} 和 I_{dstdown} 的亮度分布及其细节方法图，图 7.13（c）为增益系数 a 乘以 100 得到的分布图，可以发现源影像中相同类型的地物有相似的增益系数。

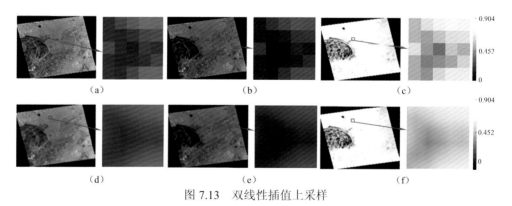

图 7.13　双线性插值上采样

（a）～（c）分别为 I_{srcdown}、I_{dstdown} 和增益改正系数 a 及其放大细节；（d）～（f）分别为 L_{src}、L_{dst} 和增益改正系数 A 及其放大细节

将 I_{srcdown} 和 I_{dstdown} 通过双线性插值的方式升采样到原始影像大小，由于上节采用大间隔分块取均值的方式降采样，插值得到的影像较为平滑，与源影像的拟合度较好，局部可近似代表该区域的均值，可认为二者分别代表源影像和目标影像的低频信息，分别记为 L_{src} 和 L_{dst}。同样对其增益系数图 7.13（c）双线性插值的方式升采样，即可得到与源影像像素对应的增益系数[图 7.13（f）]。

$$A = \frac{L_{\text{dst}}}{L_{\text{src}}} \qquad (7.25)$$

对式（7.20）变形可得

$$I_{\text{dst}} = A \times (I_{\text{src}} - L_{\text{src}}) + A \times L_{\text{src}} \qquad (7.26)$$

将式（7.25）代入式（7.26）可得

$$I_{\text{dst}} = A \times (I_{\text{src}} - L_{\text{src}}) + L_{\text{dst}} \qquad (7.27)$$

根据式（7.27）计算，可得到强度校正后的影像，即目标影像为高频、低频两部分的组合，其高频信息为经过拉伸的源影像高频信息，其低频信息为升采样得到目标影像的低频信息。图 7.14 是对源影像和强度校正后影像抽稀得到的像素灰度值分布示意图，其中 I_{src} 表示源影像，L_{src} 表示 I_{src} 的低频信息，I_{dst} 表示结果影像，L_{dst} 近似表示 I_{dst} 的低频信息。可以发现源影像低频信息被替换，高频信息得到相应拉伸。

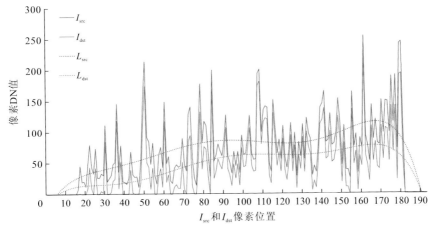

图 7.14　强度校正前后影像像素 DN 值分布

蓝色实线表示影像 I_{src}；橙色实线表示强度校正影像 I_{dst}；蓝色点状线表示 L_{src}；橙色点状线表示强度校正影像 L_{dst} 的低频信息

7.2　大范围 SAR 影像镶嵌

遥感影像的单景影像覆盖范围是有限的，对于大范围的 SAR 影像，往往需要很多景影像才能完成对整个研究区域的覆盖。7.1 节通过对原影像进行强度校正，获取了强度一致的区域 SAR 影像，本节对其进行镶嵌处理。SAR 影像镶嵌主要流程如图 7.15 所示。

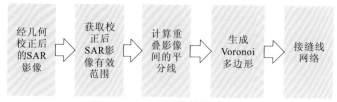

图 7.15　SAR 影像镶嵌流程图

7.2.1　获取校正后 SAR 影像有效范围

经过几何校正的 SAR 影像会存在一定旋转，旋转之后没有影像数据的地方一般用最小的灰度级或最大灰度级填充（对于 8 位影像，即用 0 或者 255 来进行填充）。这样得到的校正后影像的范围并不代表实际的有效范围，四周会存在一些无效像素区域，即没有被影像内容所覆盖的区域。这些无效像素区域包含在校正后影像的范围内，会对接缝线的生成造成影响。如果生成的接缝线落入某幅校正后影像的无效像素区域，则该校正后影像的有效镶嵌多边形中也会存在这样的无效像素区域，这会使获得的镶嵌结果中也存在一些不被影像内容所覆盖的无效像素区域，并使镶嵌结果不能反映地物的真实情况。因此在进行接缝线网络生成之前，首先需要确定每幅影像的有效范围，将无效像素区域排除。

本小节采用四边形来近似表示校正后影像的有效范围（矩形是特例）。由于无效像素区域只可能位于影像四周的外围区域，本方法首先采用边界跟踪的方法获得影像有效范围的外轮廓点集，然后采用 Hough 变换的方法检测外轮廓的直线边缘，再根据直线边缘获得影像有效范围的近似四边形。在实际应用中，采用四边形可以很好地对影像的有效范围进行近似，误差可以忽略不计，同时又极大地减少了 Voronoi 多边形生成时的计算量。获取有效范围的外轮廓点集采用边界跟踪方法，基于 8 邻域进行，邻域情况如图 7.16 所示。

$m-1$, $n-1$ x_4	m, $n-1$ x_3	$m+1$, $n-1$ x_2
$m-1$, n x_5	m, n x_0	$m+1$, n x_1
$m-1$, $n+1$ x_6	m, $n+1$ x_7	$m+1$, $n+1$ x_8

图 7.16　邻域像素分布

采用 8 邻域来定义有效范围时，边界像素点的定义是在 8 邻域的像素中有一个以上的无效像素存在。基于 8 邻域的边界跟踪算法步骤如下。

（1）按顺时针方向对影像进行扫描，寻找未跟踪上的边界点，如果能检测出来，此点就定义为跟踪的起始点 P_0，并记录下来，取 $d=5$ 开始跟踪。当没有未跟踪点时，操作结束。这里的 d 为图 7.16 中的 8 邻域像素点的序号，用来表示方向。

（2）从 d 开始按逆时针方向进行 8 邻域像素点的查找，如果从无效像素点到有效像素点的变化发生在下一个边界点位置 d^* 上，那么转入第（3）步处理。如果在 8 邻域像素点上没有找到有效像素，那么跟踪的起始点就为孤立点，跟踪结束。

（3）向下一个边界点 P_n 移动，如果 $P_{n-1}=P_0$、$P_n=P_1$，跟踪就结束。否则，$d=(d^*+3)\%8+1$（其中%是取模运算），返回到第（2）步。

获取校正后影像有效范围的外轮廓点集只涉及外侧边界的跟踪，不存在内侧边界的跟踪。确定有效范围的四边形是在获取的有效范围的外轮廓点集的基础上进行的。对于外轮廓点集，采用 Douglas-Peuker 算法进行简化，即得到了影像的有效范围。

7.2.2　计算重叠影像间的平分线

根据考虑重叠的面 Voronoi 图定义可知，重叠影像间的平分线上的点到两影像非重叠部分的距离相等。由于两影像非重叠部分的边界也就是重叠区域的边界，这样的点实际上属于重叠区域边界的中轴，也就是说重叠影像间的平分线是重叠区域多边形的中轴的一部分。本小节参考凸多边形中轴的计算方法，设计重叠影像间平分线的计算方法，具体步骤描述如下。

（1）对多边形的顶点逆时针编号为 P_0, P_1, $\cdots$, P_N，作为各顶点角的角平分线，P_0、P_1 角平分线的交点记为 q_1，P_1、P_2 角平分线的交点记为 q_2，依此类推，P_N、P_0 角平分线的交点记为 q_N。

（2）依次计算 q_i ($i=0, 1, 2, \cdots, N$) 到其对边（即 P_iP_{i+1}）的距离 d_1, d_2, $\cdots$, d_N。

（3）计算 $d=\min(d_1, d_2, \cdots, d_N)$，令 $d=d_1$，即将顶点按逆时针方向重新排序，使得 q_1 到对边的距离最短，当最小者不止一个时，可任选一个作为 d_1。

（4）从顶点 P_0 开始，令 axis$=P_0$、$m=1$、$n=N$；分别求 P_i 的角平分线与顶点角 P_m 与 P_n 角分线的交点 Point_m、Point_n。

（5）如果距离 d(Point_m, axis)$\leqslant d$(Point_n, axis)，则 axis$=$Point_m，m++；如果距离 d(Point_m, axis)$>d$(Point_n, axis)，则 axis$=$Point_n，n--。

记录中轴的折点 axis，将其编号为 R_1, R_2, $\cdots$, R_N；在记录中轴的折点时，将与其相连的各顶点号也相应记录下来，如 R_1 对应 P_1、P_2，R_2 至 R_{N-1} 各对应一个顶点，R_N 对应两个顶点。计算线段 P_mP_{m+1}，P_nP_{n-1} 夹角的角平分线 teml（如果 $n=N$，则 $n-1=0$），计算角平分线 teml 和顶点 P_{m+1}，P_n 角分线的交点记为 Point_m，Point_n。

（6）循环执行步骤（5），直至 $m=n$，即得到所有折点。

（7）将相邻影像有效范围的多边形的边之间的两个交点分别记为 startPoint 和 endPoint。

（8）对各折点对应的顶点号遍历，找出 startPoint、endPoint 对应的折点 R_i、R_j。若 $i=j$，则平分线就是 startPoint、R_i、endPoint 的连线；若 $i<j$，则平分线就是 startPoint, R_i, R_{j+1}, $\cdots$, R_j, endPoint 的连线；若 $i>j$，则平分线就是 startPoint, R_i, R_{j+1}, $\cdots$, R_j, endPoint 的连线。如图 7.17 所示，其中 startPoint 到 endPoint 之间的虚线所示的折线段即为所求的平分线。

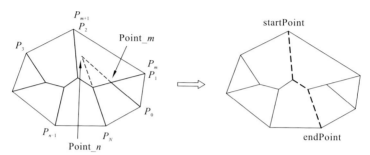

图 7.17　基于中轴的重叠影像间的平分线计算示意图

图 7.18 为平分线裁剪影像有效范围的示意图。图中影像 A 和影像 B 的有效范围为矩形，矩形中点的顺序为顺时针方向，a 点和 d 点是两个影像有效范围的矩形的交点，折线段 $abcd$ 是两影像间的平分线。当用平分线去裁剪影像 A 的有效范围时，对重叠区域 a-A_2-d-B_4 而言，a 点是入点，d 点是出点。从入点 a 开始追踪，沿平分线 $a{\rightarrow}b{\rightarrow}c{\rightarrow}d$，由于 d 点是出点，转至影像的有效范围的多边形继续追踪，$d{\rightarrow}A_3{\rightarrow}A_4{\rightarrow}A_1{\rightarrow}a$，回到初始的入点 a，追踪结束，得到裁剪结果多边形 $a{\rightarrow}b{\rightarrow}c{\rightarrow}d{\rightarrow}A_3{\rightarrow}A_4{\rightarrow}A_1{\rightarrow}a$。同理，当平分线 $abcd$ 去裁剪影像 B 的有效范围时，可得裁剪结果多边形为 $a{\rightarrow}b{\rightarrow}c{\rightarrow}d{\rightarrow}B_3{\rightarrow}B_2{\rightarrow}B_1{\rightarrow}a$。

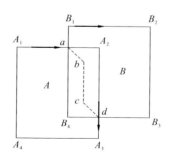

图 7.18　平分线裁剪影像有效范围的示意图

7.2.3 生成 Voronoi 多边形

1. 顾及重叠的面 Voronoi 图原理

顾及重叠的面 Voronoi 图（图 7.19）是一种可以对面集覆盖范围进行重新划分的广义 Voronoi 图。其定义如下：设平面上的一个面集 $A = \{A_1, A_2, \cdots, A_n\}$，其中任意一个面都不被其他任何一个面包含，即 $A_i \not\subset A_j (\forall i \neq j; i, j \in I_n = \{1, 2, \cdots, n\})$，且不同的面之间允许重叠。顾及重叠的面 Voronoi 图中点到面之间的距离是以两个面之间的非重叠部分为控制元素来定义的。设面 A_i 和 A_j 为面集 A 中任意两个不同的面，点 p 在面 A_j 约束下到面 A_i 的距离 $d_a(p, A_i, A_j)$ 定义为点 p 到 A' 中的点的最小距离：

$$d_a(p, A_i, A_j) = \min_{q \in A_i'} d(p, q) \tag{7.28}$$

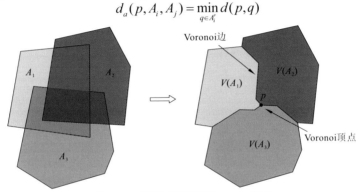

图 7.19　顾及重叠的面 Voronoi 图

$\forall p \in A$，其到面 A_i 的距离 $d_a(p, A_i)$ 定义为

$$d_a(p, A_i) = \max_{j \in I_n, j \neq i} d_a(p, A_i, A_j) \tag{7.29}$$

任意面 A_i 的 Voronoi 多边形为

$$V(A_i) = \bigcap_{j \in I_n, j \neq i} V(A_i, A_j) = \{p \mid d_a(p, A_i) \leqslant d_a(p, A_j), j \neq i, j \in I_n, p \in A\} \tag{7.30}$$

即任意面 A_i 的 Voronoi 多边形是面 A_i 在其他各面约束下形成的 Voronoi 多边形的交集，也是距离面 A_i 最近的点的集合。所有的面 A_1, A_2, $\cdots$, A_n 的 Voronoi 多边形的集合即为面集 A 的 Voronoi 图：

$$V = \{V(A_1), V(A_2), V(A_3), \cdots, V(A_n)\} \tag{7.31}$$

顾及重叠的面 Voronoi 图具有的特点：整个被划分区域是有限的，即多个面的并集，各面之间存在重叠；Voronoi 图的形成以每两个具有重叠的面之间的非重叠部分为控制元素，它实际上是对面之间的重叠区域归属的重新划分；这种对面集覆盖范围的划分是唯一的，且这种划分没有冗余无缝。

2. 生成 Voronoi 多边形

7.2.2 小节得到每两个重叠影像间的平分线之后，还需要在此基础上生成各影像所属的 Voronoi 多边形，形成 Voronoi 图，以对所有影像的有效范围进行划分。对每幅影像，在生成其所属的 Voronoi 多边形时，需要根据与其具有重叠的影像间的平分线，依次对其有效范围进行划分，具体生成过程如下。

（1）依次计算重叠影像间的平分线。

（2）对一幅影像，依次用与其具有重叠的影像间的平分线去裁剪其有效范围。每次裁剪结果作为下一次裁剪操作的输入数据。这样一幅影像的有效范围就被不断划分形成一个多边形，即该影像所属的 Voronoi 多边形。

（3）对每幅影像都按上一步的操作进行裁剪处理，计算出每幅影像所属的 Voronoi 多边形，这样就形成了整个区域的 Voronoi 图，所有影像的有效范围就被分割成互不重叠的 Voronoi 多边形。

在 Voronoi 多边形的生成过程中，步骤（2）用重叠影像间的平分线去裁剪影像的有效范围时，裁剪操作参考多边形裁剪算法，其主要思想是：对某一影像有效范围的多边形，用其与相邻影像间的平分线对其进行裁剪时，以重叠区域为参考来确定出点和入点，出点和入点成对出现，由入点开始沿平分线追踪，当遇到出点时跳转至影像有效范围的多边形继续追踪，如果再次遇到入点则跳转至平分线继续追踪。重复以上过程，直至回到起始入点，即完成了裁剪操作，追踪到的点即为裁剪结果多边形。

Voronoi 多边形的生成示意图如图 7.20 所示。图 7.20（a）左侧为三幅影像 A、B、C 的影像范围排列示意图，三幅影像之间相互重叠，虚线 S_{AB} 为影像 A、B

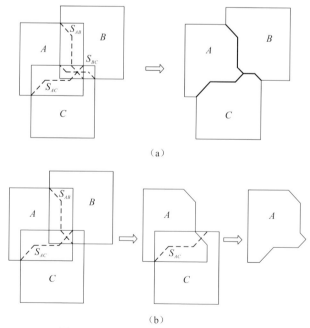

图 7.20　Voronoi 多边形的生成示意图

之间的平分线，S_{AC} 为影像 A、C 之间的平分线，S_{BC} 分别为影像 B、C 之间的平分线。图 7.20（a）右侧为这三幅影像生成的 Voronoi 多边形的示意图。图 7.20（b）是影像 A 所属的 Voronoi 多边形的生成过程。生成影像 A 所属的 Voronoi 多边形需要影像 AB 之间的平分线 S_{AB} 和影像 AC 之间的平分线 S_{AC}。影像 A 的有效范围首先被 S_{AB} 裁剪，得到的结果多边形再被 S_{AC} 裁减，就得到了影像 A 所属的 Voronoi 多边形，对于影像 B、C，可采用同样的方法得到其所属的 Voronoi 多边形。

7.2.4 接缝线网络自动优化

接缝线网络优化是为了使生成的接缝线能够避免穿越影像重叠部分差异较大的区域，保证镶嵌的质量，包括 Voronoi 顶点的优化和单独的接缝线的优化。Voronoi 顶点的优化在相应的多度重叠区域内进行，寻找多幅影像间差异最小的像素。假定 Voronoi 顶点位于 n 度重叠区域 A，也就是说存在 n 幅（$n \geqslant 3$）影像，它们具有共同的重叠区，像素(x, y) 是 n 度重叠区域中的一个像素，则该像素处 n 幅影像间的差异定义为

$$D(x, y) = \max_{i, j=1, \cdots, n, i \neq j} D_{ij}(x, y) \qquad （7.32）$$

式中：$D_{ij}(x, y)$ 为影像 i 和影像 j 在像素(x, y)处的差异，其定义如下：

$$D_{ij}(x, y) = \max_{k=1, \cdots, c} \left| F_i^k(x, y) - F_j^k(x, y) \right| \qquad （7.33）$$

式中：k 为影像的波段序号；c 为波段数；$F_i^k(x, y)$、$F_j^k(x, y)$ 为影像 i、j 在像素(x, y)处的强度值。优化后的 Voronoi 顶点为

$$V(x, y) = \min_{(x, y) \in A} D(x, y) \qquad （7.34）$$

单独的接缝线也就是 Voronoi 边，单独的接缝线的优化在影像的重叠区域内进行。本小节采用最短路径算法来解决这个问题。它实际上是一个从起点到终点的路径寻找问题。一条路径就是一个简单的从起点到终点的路径，每条接缝线的优化就是寻找一条影像间差异尽可能小的路径。设影像 i 为左影像，影像 j 为右影像，则每条路径的代价定义为

$$f(\text{PS}) = \max D_{ij}(x, y), \quad (x, y) \in \text{PS} \qquad （7.35）$$

接缝线的优化就是寻找一条能使 $f(\text{PS})$ 最小化的路径。

为了提高搜索具有最小代价的路径效率，采用二分算法。设搜索路径代价的上限值和下限值分别为 g 和 h（对于 8 位的影像数据，最差的情况取值分别为 0 和 255），当前搜索值 z 是搜索区间的中点，即 $z = (g+h)/2$。依据起点和终点，在左右影像的重叠区域内寻找代价为 z 的路径是否存在。如果存在，则搜索路径代价的上限值变为 z；如果不存在，则搜索路径代价的下限值变为 $z+1$。搜索最大次数不会超过 $\log_2(h-g)$，对于 8 位的影像数据，搜索不会超过 8 次即可找到具有

最小代价的路径。

7.2.5　基于接缝线网络的影像镶嵌

在获得优化接缝线网络后即可以根据接缝线网络进行影像镶嵌处理，获得最终的无缝镶嵌影像。对于每幅正射影像，根据其有效镶嵌多边形，将有效镶嵌多边形内的像素写入镶嵌结果影像中的相应位置，丢掉有效镶嵌多边形之外的像素，然后沿着接缝线进行羽化处理，消除明显的接缝，即可获得无缝的镶嵌影像。

本小节采用的接缝线羽化处理的基本思想是：首先将校正后的多幅影像作几何镶嵌处理，形成整幅影像；对于几何镶嵌后的整幅影像上的每一段接缝线，如果是垂直方向的接缝线段，则统计该接缝线段左右两侧一定范围内的灰度差；然后将灰度差在该接缝线段左右两侧的一定范围内强制改正；如果是水平方向的接缝线段，则统计该接缝线段上下两侧一定范围内的灰度差，然后将灰度差在该接缝线段上下两侧的一定范围内强制改正。图 7.21 为接缝线处理示意图。

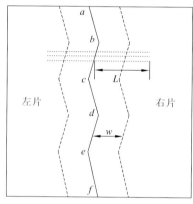

（a）左右片之间的接缝线处理　　　　（b）上下片之间的接缝线处理

图 7.21　接缝线处理示意图

该算法首先统计接缝线段上所有像素位置左右两侧一定范围 L 内的灰度差 Δg，然后将灰度差 Δg 在接缝线段上该像素位置左右两侧一定范围 w 内改正，参数 w 称作改正宽度。由于上述处理过程是沿接缝线逐像素进行的，为了避免改正结果出现条纹效应，每个像素位置的灰度差 Δg 应由该像素位置前后的多个位置上共同统计得到。改正宽度 w 的大小与灰度差 Δg 呈正比，Δg 越大，改正宽度 w 也越大。灰度改正时，离接缝线越近的像点，灰度值改正得越多，离接缝线越远的像点，灰度值改正得越少，即到接缝线的距离为 d 的像点的灰度值改正量 $\Delta g'$ 为

$$\Delta g' = \frac{w-d}{w} \Delta g \tag{7.36}$$

由于在栅格影像中对行、列的处理较为方便，本算法的所有操作都是在接缝线段的左右或上下之间进行，这样就需要判断接缝线段的方向。对于接缝线上的线段，如果其斜率小于等于 1，则认为它是水平方向的接缝线段，否则认为它是垂直方向的接缝线段。该方法的一维情况如图 7.22 所示。

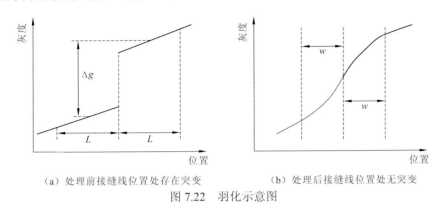

（a）处理前接缝线位置处存在突变　　　　　（b）处理后接缝线位置处无突变

图 7.22　羽化示意图

7.3　实验结果与分析

7.3.1　全球 SAR 影像强度一致性校正应用分析

在进行全球 SAR 影像制图中，数据源为高分三号精细化条带 2（FS-II）模式 SAR 强度影像，影像采样分辨率为 5 m，所有影像经过几何校正为 WGS84 地理坐标系，覆盖全球陆地范围（除南极洲之外）需 21 527 景影像，8 bit 降位影像数据约为 28 T，数据成像时间为 2017 年 1 月至 2021 年 6 月。

1. 主观分析

图 7.23 为经过强度信息一致性处理得到的 SAR 全球一张图，该影像目视效果较好，纹理清晰，无明显镶嵌痕迹。整体上全球范围内植被丰富的地区（欧亚大陆北部、非洲中部、北美洲北部、南美洲北部等）表现出较强的反射强度，植被贫瘠的地区反射强度较低。

本章算法依赖 SAR 影像之间的重叠区域进行强度一致性处理，因此实际处理过程中对各个区域（欧亚大陆、非洲、北美洲、南美洲和大洋洲）进行独立处理。图 7.24 为 SAR 影像强度信息一致性校正结果及其细节放大图，本节提取对应区域的 Google Earth 光学卫星影像用于评估 SAR 影像强度分布与实际地物之间的关系，可以发现未经强度一致性处理的情况下不同影像镶嵌后强度差异很大。经过 7.1 节方法处理，各个区域 SAR 影像强度一致性水平均有显著提高，相邻影像的

强度过渡平滑自然，整体视觉效果良好，具有良好的层次感。另外，经该算法处

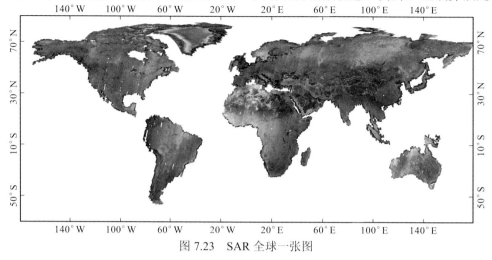

图 7.23 SAR 全球一张图

理后 SAR 影像的强度分布与对应的 Google Earth 影像有较强的相关性，验证了该方法的有效性。例如经过强度一致性处理，欧亚大陆北部植被较为丰富的地区表现出较高的强度，强度变化分界线整体与植被分布相一致。非洲大陆经过强度一致性处理，整体强度分布与对应光学影像的一致性显著提升。观察各个区域提取的细节放大图，可以发现经过本章方法处理的相邻影像接边处强度突变的现象得到抑制，视觉效果大幅提升。

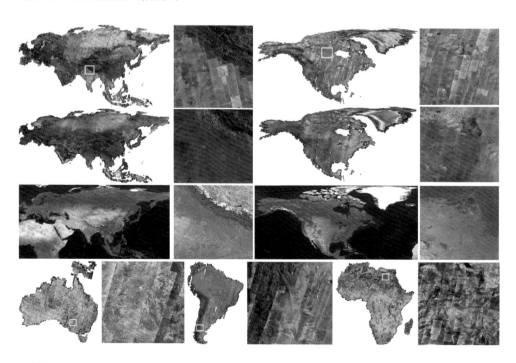

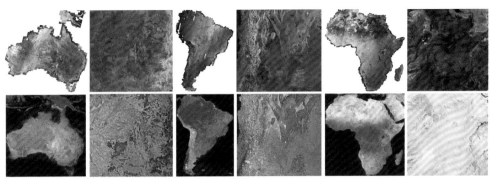

图 7.24　SAR 影像强度信息一致性校正结果及其细节放大图

2. 定量评价

为进行定量评价，本节选取几组典型场景影像，包括平原、城市、山区和水体，对 7.1 节方法处理前后影像重叠区域的平均值（μ）、标准差（σ）和均方根误差（root mean squared error，RMSE）进行统计分析，结果见表 7.1。如图 7.25 所示，未经处理的 SAR 影像强度差异较大，经本章方法处理后对应区域的强度基本一致。统计结果表明，对于不同场景的 SAR 影像，经该方法处理影像重叠区域的均值、方差的差异均显著缩小。这是由于本节强度信息一致性校正方法针对影像局部区域构建独立的辐射模型，对影像上不同物体建立了更精细的强度对应关系。因此，该算法处理后的影像重叠区域显示出更好的对应性。

表 7.1　强度信息一致性校正前后影像重叠区域统计结果（DN 值）

场景	影像	校正前			校正后		
		μ	σ	RMSE	μ	σ	RMSE
平原	Img1	76.54	42.45		51.82	30.33	
	Img2	49.43	31.45	53.99	52.12	34.19	40.18
城市	Img1	107.31	67.58		79.54	62.80	
	Img2	79.36	59.19	69.88	79.04	61.21	57.54
山体	Img3	69.22	58.82		60.93	54.63	
	Img4	105.57	68.78	64.22	63.12	46.45	39.77
水体	Img3	24.97	10.68		21.37	9.75	
	Img4	59.66	25.30	44.27	23.57	10.59	14.62

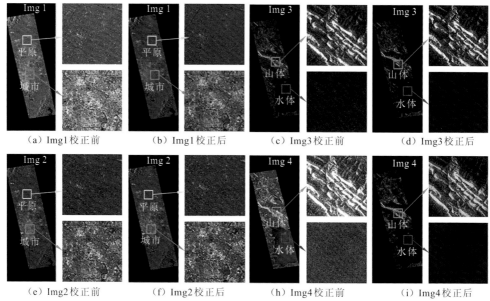

（a）Img1校正前　　　（b）Img1校正后　　　（c）Img3校正前　　　（d）Img3校正后

（e）Img2校正前　　　（f）Img2校正后　　　（h）Img4校正前　　　（i）Img4校正后

图 7.25　SAR 影像强度信息一致性校正结果细节展示

7.3.2　全球 SAR 影像自动镶嵌实验验证

与 7.3.1 小节一致，本小节对各个区域进行独立的镶嵌处理。如图 7.26 所示，影像有效区域被完整识别，镶嵌处理后覆盖各个区域的影像合而为一，镶嵌线走势与地物空间分布的一致性较好，经羽化处理镶嵌线两侧影像辐射过渡平滑，无明显镶嵌痕迹。

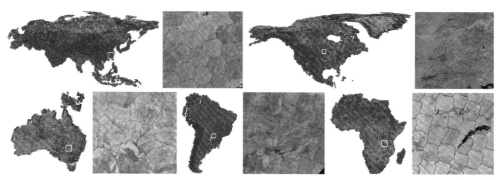

图 7.26　全球 SAR 影像镶嵌结果展示

参 考 文 献

闫利, 2010. 遥感图像处理实验教程. 武汉: 武汉大学出版社.

潘俊, 王密, 李德仁, 2009. 基于顾及重叠的面 Voronoi 图的接缝线网络生成方法. 武汉大学学报(信息科学版), 34(5): 518-521.

潘俊, 王密, 李德仁, 2010. 接缝线网络的自动生成及优化方法. 测绘学报, 39(3): 289-294.

BURT P J, ADELSON E H, 1987. The Laplacian pyramid as a compact image code. Readings in Computer Vision, 31(4): 671-679.

CANTY M J, NIELSEN A A, 2008. Automatic radiometric normalization of multitemporal satellite imagery with the iteratively re-weighted MAD transformation. Remote Sensing of Environment, 112(3): 1025-1036.

CHOE T E, COHEN I, LEE M, et al., 2006. Optimal global mosaic generation from retinal images// 18th International Conference on Pattern Recognition: 681-684.

DABBAGH A E, AL-HINAI K G, KHAN M A, 1997. Detection of sand-covered geologic features in the Arabian Peninsula using Sir-C/X-SAR Data. Remote Sensing of Environment, 59: 375-382.

FREEMAN A, 1992. SAR calibration: An overview. IEEE Transactions on Geoscience and Remote Sensing, 30(6): 1107-1121.

FREEMAN A, ALVES M, CHAPMAN B, et al., 1995. SIR-C data quality and calibration results. IEEE Transactions on Geoscience and Remote Sensing, 33(4): 848-857.

GONZALEZ R C, WOODS R E, 1980. Digital image processing. IEEE Transactions on Acoustics Speech and Signal Processing, 28(4): 484-486.

IBRAHIM M T, HAFIZ R, KHAN M M, et al., 2016. Automatic selection of color reference image for panoramic stitching. Multimedia Systems, 22: 379-392.

MARZAHN P, RIEKE-ZAPP D, LUDWIG R, 2012. Assessment of soil surface roughness statistics for microwave remote sensing applications using a simple photogrammetric acquisition system. ISPRS Journal of Photogrammetry & Remote Sensing, 72(6): 80-89.

PAN J, WANG M, LI D, et al., 2010. A network-based radiometric equalization approach for digital aerial orthoimages. IEEE Geoscience & Remote Sensing Letters, 7(2): 401-405.

ROSENQVIST A, SHIMADA M, ITO N, et al., 2007. ALOS PALSAR: A pathfinder mission for global-scale monitoring of the environment. IEEE Transactions on Geoscience & Remote Sensing, 45(11): 3307-3316.

SUN M W, ZHANG J Q, 2008. Dodging research for digital aerial images. The International Archives of the Photogrammetry, Remote Sensing and Spatial Information Sciences, 37: 349-353.

ZHANG G, CUI H, WANG T, et al ., 2019. Random cross-observation intensity consistency method for large-scale SAR images mosaics: An example of Gaofen-3 SAR images covering China. ISPRS Journal of Photogrammetry and Remote Sensing, 156(Oct.): 215-234.

ZINK M, BAMLER R, 1996. X-SAR radiometric calibration and data quality. IEEE Transactions on Geoscience and Remote Sensing, 33(4): 840-847.